JN233225

セマンティック技術シリーズ
Semantic
Technologies
Series

トピックマップ入門

An Introduction to Topic Maps

内藤 求 編著

加藤弘之・桐山孝司・小町祐史・瀬戸川教彦・中林啓司・吉田光男 著

TDU
電機大
出版局

はじめに

トピックマップは，1990年代前半にM. BiezunskiによってHyTimeのアプリケーションとして検討が進められ，その後多くの技術者たちによって関連技術を取り込みながら次第にその体系が形成され洗練されていった．すでにいくつもの実装が報告され，ウェブ環境でのその有効性は多くの人の知るところとなっている．

M. Biezunskiはトピックマップに関する彼の議論と発表の場を，GCA（Graphic Communications Association，現在のIDEAlliance）のコンファレンスと国際標準化機構のISO/IEC JTC1/SC18（現在のSC34）におけるSGML/HyTime関連プロジェクトとに置いていた．その後，構文としてXMLが使われるようになると，議論の場と参加者とが大きく広がり，知識処理の分野をも巻き込む広がりを見せている．その結果，関連する文献・資料の提供元も広がっている．

ISO/IEC JTC1における規格文書に関しても，基本となるトピックマップ規格ISO/IEC 13250がマルチパート化され，関連規格の提案も進み，トピックマップとその関連規格の体系が複雑化してきた．そこでそれらの関係を示す“トピックマップ曼荼羅”の必要性が議論されてきたが，その実現は先送りにされたままであった．

筆者の一人である小町は，数年前にM. Biezunskiを日本に呼んでトピックマップの基礎から応用までを平易に解説していただくチュートリアルを企画したが，当時はまだ国内におけるトピックマップに対する関心の高まりが不十分であって十分な数の参加予定者が集まらず，その企画は実現しなかった．しかし2005年には，国内で開催される関連技術のコンファレンスにもトピックマップのキーワードが飛び交い，関係者の注目が集まっている．そこで，“トピックマップ曼荼羅”を含むトピックマップ関連技術を日本語で平易に解説する書籍の発行が強く要望されるに至った．

この要求に応えるため，ISO/IEC JTC1/SC34の国内対応組織である情報規格調査会のSC34専門委員会メンバと相談し，“トピックマップ入門”の書籍の企画を検討した．その結果，SC34専門委員会においてトピックマップを専門とするメンバが中心になって執筆にあたることとなり，本書が実現することになった．

本書は次の構成をとる．

1. トピックマップへの第一歩

本書の導入部であり，ここで“トピックマップとはどんなものか”に触れるとともに，今日までのその発展の経緯を示す．

2. データモデルと構文

トピックマップの基本技術であるデータモデルと構文とを解説する本書の中核部分である．

3. 関連規定

ISO/IEC JTC1/SC34が標準化を推進しているトピックマップとその関連規格に関する最新の議論を紹介する．近い将来，ISOから出版されるそれらの規格は，今後の議論の推移によっては本書の内容と幾分異なるものになる可能性がある．

4. ツールと制作

既存のトピックマップツールを使って，トピックマップ制作の実習を行い，ナビゲーション，スコープフィルタリング，検索などのオペレーションを試みていただく．

5. 付録

本文の文脈の中で記述できなかった関連情報（実用事例，重要論文の和訳，処理系等）を付録として収録した．本文中に使われている関連用語については，付録Eを参照するとよい．

本書は，トピックマップの基礎から実用事例にいたる広範囲な内容を網羅している．そのため，以下のメンバによって分担執筆を行った．それぞれ専門的立場から原案を執筆し，意見交換を繰り返すことで最終原稿とした．本書執筆に際し，貴重な情報提供をいただいたJTC1/SC34/WG3 ConvenerのSteve Pepper氏に感謝する．

本書が，トピックマップに関心をもつ多くの技術者・研究者，およびウェブ開発関係者に有益な示唆を与えることとなれば，執筆者一同この上ない喜びである．

執筆担当

内藤　求	1.1節，1.3節，2.1節，2.2節，3.2節，4.2節，付録A（A.1.1項，A.1.2項，A.1.8項を除く），付録D，付録 E
小町　祐史	1.2節
瀬戸川教彦	2.3節，3.1節，3.4節，4.1節，A.1.8項，付録C
加藤　弘之	3.3節
中林　啓司	A.1.1項
桐山　孝司	A.1.2項
吉田　光男	A.2節，付録B（翻訳）

2006年10月

執筆者一同

目　　次

第4章　ツールと制作　113

付録A　事　　例　136

付録B　トピックマップのTAO　187

第1章

トピックマップへの第一歩

1章では，まずトピックマップとは，そしてトピックマップの標準化について簡単に説明する．続いて，トピックマップの経緯を説明する．その後，トピックマップブラウザの一つであるOmnigator上で，トピックマップワールドをざっと体験していただく．

1.1 トピックマップとは

現在，我々がアクセス可能な情報は膨大な量になっている．新たな情報を参加型で多数の人たちと協力して作り上げることも容易になりつつあり，情報量の増加はさらに加速していくように思える．そんな状況において，情報の品質とともに，必要なときに必要な情報に的確にアクセスすることの困難さ，つまり，情報の“見つけやすさ”が大きな問題になっている．トピックマップは，利用者のもつ概念体系に合わせて情報を分類，整理するための国際規格であり，情報の“見つけやすさ”の実現に重点を置いている．

現在，改訂が進められているISO/IEC 13250 Topic Mapsの中のpart-2: Date Modelでは，Introductionでトピックマップを以下のように説明している．

> Topic Maps is a technology for encodng knowledge and connecting this encoded knowledge to relevant information resources. Topic maps are organized around topics, which represent subjects of discourse; associations, representing relationships between the subjects; and occurrences, which connect the subjects to pertinent information resources.

> トピックマップは，知識の記号化，および，記号化された知識を関連する情報リリースに結び付けるための技術である．トピックマップは，論議の主題（subject）を表現するトピック（topic），主題間の関係を表現する関連（association），および，主題と主題に関連する情報リソースを結び付ける出現

（occurrence）によって構成される．

トピックマップの世界でいう知識とは，主題（概念）および主題間（概念間）の関係のことである．また，概念のことを主題という．トピックマップは，主題（概念）をコンピュータの処理対象として明確に意識し，位置づけている．つまり，トピックマップの世界では，主題（概念）をコンピュータ処理の対象にしているのである．

現実世界のものと，それについて人間がもつ概念と，その概念を表現するための記号/言葉の関係は，意味の三角形 [1] と呼ばれている．現実世界の視点，すなわち「存在ありき」から見た場合，アリストテレス流古典的存在論の立場になり，概念の視点，すなわち「人間の認識機構ありき」から見た場合，カントの近世主観主義論の立場になり，記号/言葉の視点，すなわち「言語（論理）ありき」から見た場合，ウィットゲンシュタインの現代言語分析哲学の立場になるという説明 [2], [3] は，非常に説得力がある．大胆な言い方をすれば，トピックマップは，意味の三角形をコンピュータ上でモデル化したもの，と考えることができる．意味の三角形およびそのコンピュータ上でのモデルの関係を図1-1に示す．

概念は絶対的なものでなく文脈の上に成り立っている．それは，概念間の関係によって形成される．トピックマップは，概念および概念間の関係をコンピュータ上で記号化したものであり，概念をその文脈を含めて表現できる．さらに，概念と概念に関連

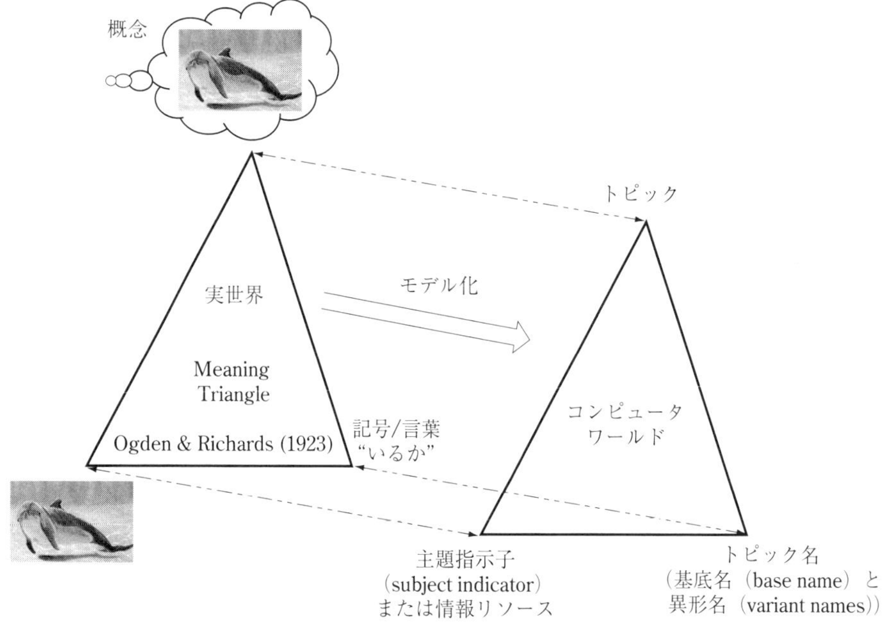

図1-1　意味の三角形およびそのコンピュータ上でのモデル

する情報リソースを結び付ける仕組みももっていて，知識と情報との架け橋にもなる．

我々の頭の中にある概念とは何なのか，概念はどのように形成されるのか，他の概念とどのように関係付けされるのか，考えれば考えるほど不思議であり，楽しくもある．人間が授かった最も幸運なものの一つのように思える．さらに幸運なことに，人とコンピュータが共働して概念を処理するための仕組みであるトピックマップを，今，我々はもつことができた．これから，その解説を試みるが，トピックマップは，はじめの一歩を踏み出したばかりの新しいパラダイムであり，発展途上の緒についたばかりであるため，自分たち自身が理解を深めるための作業と認識している．解説の巧拙は別にして，間違いなくいえることは，この世界は非常に楽しい世界だということである．読者の方もどうか楽しみながら読み進めていただきたい．

1.1.1 トピックマップの概要

トピックマップの起源は，1991年のDavenportグループでの作業だとされている．直接，Steven R. Newcombから聞いた話によると，Steven R. Newcomb, Michel Biezunski, および，Fred Dalrympleの3人で，複数のドキュメント，本，システムマニュアル等にまたがるマスターインデックス作りに取り組んだのがその始まりとのことである．

その起源からして当然であるが，トピックマップは，本の索引にたとえられる．本を読むときに本の先頭ページから順番に読んでいく方法もあるが，索引を利用すれば，自分の読みたい主題について記述してある箇所を一瞬にして見つけ出すことができる．多くの場合，本の索引は索引語の単なる羅列に過ぎないが，実際は索引語間にはいろいろな概念的な関係が存在している．よくできた索引は，文字列の一致をもとに索引語と該当箇所を関連づけるだけでなく，意味に基づいても索引語と該当箇所を関連づけている．トピックマップは，コンピュータネットワーク上の情報空間に対する索引の一種にたとえることができる．

トピックマップは，ネットワーク上の情報層（情報リソースの集まり）とは独立した上位層（知識層）に位置づけられ，情報リソースがもつ主題（概念）と主題間の関係を，情報リソースとは独立にコンピュータ上でモデル化する．主題に関連する情報リソースに対しては，リンクを張ることにより関係を明示する．情報を意味的に組織化し，管理，検索，ナビゲートを可能にするための新しいパラダイムである．トピックマップは，以下の3種類の主要な構成要素から構成される．

- トピック：Topic（問題領域でのキーとなる主題群を表現）
- 関連：Association（主題間の関係を表現）
- 出現：Occurrence主題に関連する情報リソースへのリンク）

トピック，関連，出現それぞれの頭文字をとって，TAO of Topic Mapsと呼ばれている．図1-2にトピック，関連，および，出現の関係を示す．この図において，トピック，関連，出現の形や線の種類が異なるのは，それぞれの型の違いを表している．型については，2.1節で説明する．

トピックマップでは，具体的，抽象的を問わず認識できるすべてのものをトピックとすることができる．関連については，以下の2種類が標準で定義されている．

- type-instance関連（トピックの型とそのインスタンスの関係を表現）
- supertype-subtype関連（トピック間の上位型と下位型の関係を表現）

それ以外に関連は，例えば以下のような，概念（サブジェクト）間の任意の関係を自由に定義することができる．

- 等価関係（同義，類似・対比）
- 階層関係（is-a関係：上記のsupertype-subtype関連と同じ意味合いをもつ，whole–part関係，compose–breakdown関係，containment関係）
- 連想関係（並列，用途・環境，因果）

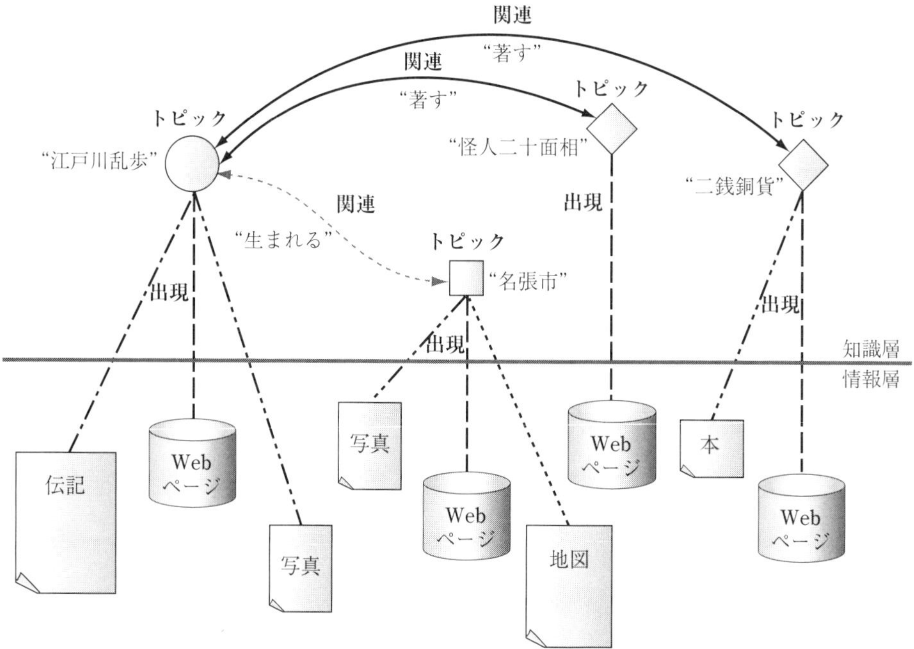

図1-2　トピック，関連，および，出現の関係

- その他ある領域においてのみ意味をもつ任意の関係

また関連は一つ以上のトピックの関係であり，トピックは，その関連の中で役割(role) をもつ.

トピックマップに関連する重要な技術要素として公開主題 (Published Subjects) がある. 公開主題は，トピックマップの標準活動の中で考え出されたものであり，対象領域における主題（概念）について定義し，それにIRI: Internationalized Resource Identifiers (当初はURI: Uniform Resource Identifierで考えられていた）を割り当てネットワーク上に永続的に公開して，誰からも共通に利用可能にするものである. それにより，主題（概念）の同定が可能になり，対話者どうしが扱っている主題が同一か否か明確に判断できるようになる.

1.1.2 トピックマップの標準化

トピックマップは，ISO/IEC JTC1 SC34/WG3（以降，SC34/WG3と呼ぶ）で策定された規格（ISO/IEC 13250 Topic Maps）である. 第1版は，2000年にIS（国際標準）になっている. 2003年には，第2版が出版されている. 現在も，SC34/WG3において，ISO/IEC 13250の改定と，多数の関連規格の策定について検討が続けられている. SC34/WG3のコンビーナは，ノルウェーのSteve Pepperである.

トピックマップ関連の規格とその状況を以下に示す.

（1） ISO/IEC 13250：Topic Maps

トピックマップの中心となる規格で，現在七つのパートから構成されるマルチパート規格として策定作業が進められている.

（2） ISO/IEC 18048：Topic Maps Query Language（TMQL）

トピックマップ用の問合せ言語の規格で，第一段階として問合せ機能の標準化が進められている. 次の段階で更新機能の標準化が行われる予定である.

（3） ISO/IEC 19756：Topic Maps Constraint Language（TMCL）

トピックマップ用の制約言語の規格で，スキーマに基づいた制約とルールに基づいた制約の2種類の制約の標準化が進められている.

トピックマップ関連規格の一覧および2006年8月末時点でのステータスを表1-1に示す.

ISO/IEC JTC1での規格作成の工程は，以下の順で進められる.

表1-1　トピックマップ関連規格とそのステータス

項番	規格名	ステータス	エディタ
1	ISO/IEC 13250: トピックマップ		
	part-1: 概観および基本概念	WD作成中	Steve Pepper, 内藤求
	part-2: データモデル	IS*	Lars Marius Garshol, Graham Moore
	part-3: XML構文（XTM）	FDIS作成中	Graham Moore, Lars Marius Garshol
	part-4: 正準化構文	FCD作成中	Lars Marius Garshol, Jaeho Lee
	part-5: 参照モデル	CD作成中	Patrick Durusau, Steven R. Newcomb
	part-6: 簡潔構文	WD作成中	Gabriel Hopmans, Sam Oh, Lars Heuer
	part-7: 図式記法	WD作成中	Jaeho Lee, Graham Moore
2	ISO/IEC 18048: トピックマップ問合せ言語（TMQL）	CD作成中	Robert Barta, Lars Marius Garshol
3	ISO/IEC 19756: トピックマップ制約言語（TMCL）	CD作成中	Dmitry Bogachev, Graham Moore, Mary Nishikawa
	トピックマップを利用したダブリンコアメタデータの表現	NP投票中	Steve Pepper
	公開主題のため分散のレポシトリ機構	NP作成中	Steve Pepper

NP: New Work Item Proposal, WD: Working Draft, CD: Committee Draft, FCD: Final Committee Draft, FDIS: Final Draft for International Standard, IS: International Standard
* part-2データモデルは，2006年8月15日付でInternational Standardとして出版された．

NP（New Work Item Proposal）作成と投票
↓
CD（Committee Draft）作成と投票
↓
FCD（Final Committee Draft）作成と投票
↓
FDIS（Final Draft for International Standard）の作成と投票

標準化の経緯については，別途，1.2節で詳しく述べる．

1.1.3　主題分類の技術

人間が多くのものを扱おうとしたとき，それを整理するためには，分類することが自然と思われる．トピックマップの取扱いの対象は，主題（概念）であるが主題に関しても同様である．主題の分類方法としては，タクソノミ，シソーラスなどがある．Garsholの論文 [4] をもとにして，トピックマップを含めて主題の分類方法のいくつかを示し比較することにより，主題分類の観点から見たトピックマップの特徴を説明する．

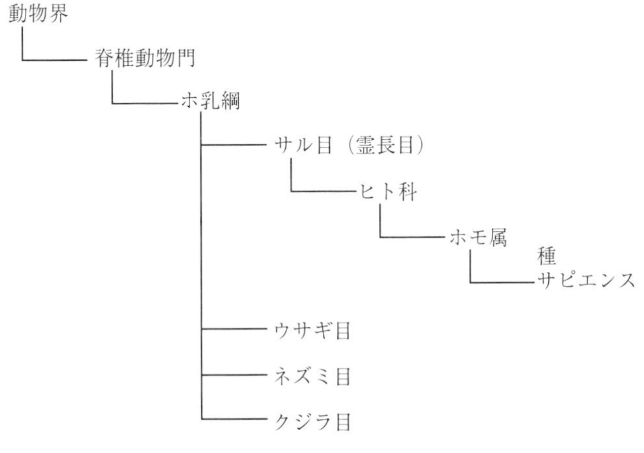

図1-3 タクソノミの例

〔1〕 タクソノミ

タクソノミは，主題を階層的に分類したもので，主題間の関係は，広義–狭義の関係のみから構成される．図1-3にタクソノミの例を示す．この例は動物分類の例である．

〔2〕 シソーラス

シソーラスも，主題を階層的に分類する．階層関係は，広義語（Broader Term：BT）–狭義語（Narrower Term：NT）で表現される．シソーラスは，広義–狭義の関係のほかに，以下の関係ももつ．

- スコープノート（Scope Note：SN）　語の意味の説明
- 関連語（Related Term：RT）
- 反義語（Antonym：AT）
- 同義語（Synonym：SY）
- “を見よ”参照，優先語（USE）
- “を見よ”参照，非優先語（Use For：UF）
- 最上位語（Top Term：TT）

タクソノミに比べてはるかに多くの関係の種類をもつが，それらは固定されており，また限定されている．

シソーラスについては，すでに以下の国際規格も作成されている．

- ISO 2788:1986 Documentation – Guidelines for the establishment and development of monolingual thesauri

- ISO 5964:1985 Documentation – Guidelines for the establishment and development of multilingual thesauri

〔3〕トピックマップ

トピックマップは，主題（トピックとして表現される）と，主題間の関係を表現する関連（association）の集合である．規格の中では，型–インスタンス（type-instance）関係と，上位型–下位型（supertype-subtype）関係の2種類の関連が定義されているが，その他の関連は，シソーラスがもつ関係も含めて作成者が自由に定義できる．すなわち，トピックマップを用いて，タクソノミ，シソーラスがもつ関係を表現することができるだけでなく，タクソノミ，シソーラスでは，表現できない関係も表現することができる．そのほかにトピックマップは，以下の仕組みをもつ．これらの仕組みについては，2.1節で詳しく取り上げる．

- 主題に関係する情報リソースへのリンク付けの仕組み
- 主題を一意に識別する仕組み（名前で識別するのでなく，IRI（URI）で識別）
- 有効範囲（スコープ，scope）の設定の仕組み
- マージの仕組み

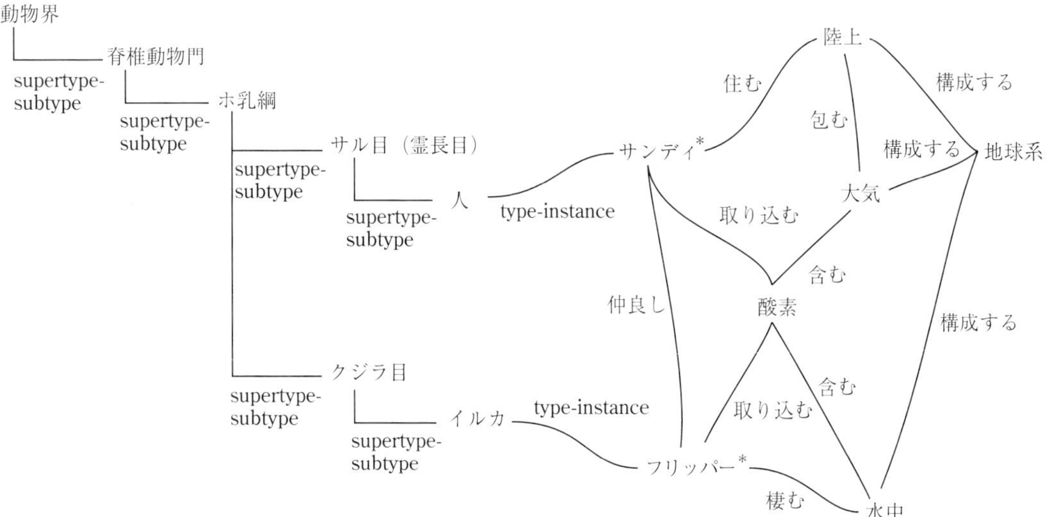

図1-4　トピックマップの例

- 具体化（reification）の仕組み

トピックマップの例を図1-4に示す．

図1-4では，タクソノミの部分，すなわち，広義―狭義の関係を，supertype-subtype関係で表現しているが，タクソノミで表現している広義―狭義の関係は，supertype-subtype関係よりも広いもの（supertype-subtype関係，whole-part関係，containment関係など）を含んでいるようである．Lars Marius Garsholは，彼のBlogの中で，supertype-subtype関係は，以下の条件を満たすときのみ利用できる，としている．

- supertype-subtype関係で結び付けるものは，両方とも型（type）であること．
- subtypeのインスタンスは，supertypeのインスタンスでもあること．
- supertype-subtype関係そのものも推移的(transitive)であること．すなわち，a < b, b < c，のとき，a < cであること．

〔4〕 オントロジ

オントロジについては，いろいろな定義が見られる．本来は哲学で用いられてきたようであるが，『オントロジー工学』[5] では，コンピュータ科学で用いられるオントロジについて以下のように記述している．

> 「人間が対象世界をどのように見ているかという根源的な問題意識をもって物事をその成り立ちから解きあかし，それをコンピュータと人間が理解を共有できるように書き記したもの」

さらに，オントロジの構成物を，以下のものとしている．

- Ontologyの本質である，対象世界から基本概念を切り出した結果としての「概念」の集合
- 概念のis-a関係（上位・下位関係）による階層化
- is-a関係以外で必要となる概念間の関係
- 抽出した概念と関係の定義，あるいは意味制約の公理化

非常に乱暴にいってしまえば，タクソノミとシソーラスは，オントロジのある一面を表現したものと考えられる．また，トピックマップは，オントロジの記述方法の一つと考えられ，インスタンスも併せ持つ．タクソノミ，シソーラス，そしてオントロジについては，その専門の人たちの議論に頼っていただきたい．

以後，本書では，1.2節でトピックマップの経緯，1.3節でトピックマップワールドの体験について記述する．2章では，トピックマップの基本的な概念，データモデル，そ

して，構文について解説する．3章ではトピックマップの関連規格（正準化，参照モデル，問合せ言語，制約言語）について解説する．4章ではトピックマップのツールについて解説するとともに，簡単なトピックマップを一緒に作っていただく．最後にトピックマップの作成手順を示す．

1.2　トピックマップの経緯

トピックマップの国際標準化活動は，主として国際標準化機構ISO/IECの合同技術委員会JTC1の中に設けられた分科会SC34（文書の処理と記述の言語）で行われている．SC34には三つの作業グループがあり，トピックマップは第3作業グループ（WG3）の，主要検討課題に位置づけられ，その会議には毎回各国から多くの専門家が集まって，活発な議論を展開している．

しかしトピックマップは決して最初からこのような国際的注目を集めていたわけではなく，XMLが開発される以前から，ごく少数の人たちによって地道な検討が続けられてきた．時には，彼らの個人的な都合により，または国際標準化機構の中の組織としての都合により，議論が中断したと思われる時期もあった．

トピックマップのこの発展の経緯は，今脚光を浴びている他のいくつかの技術の経緯にも似るところが多い．それをここで概観することは，トピックマップの理解を助けるだけでなく，将来現れるであろう優れた技術の萌芽に対して我々が対峙するときの参考になると思われる．そこでここでは，国際標準化機構の中でトピックマップの議論をその萌芽期から見てきた筆者の一人が，一節を設けて“トピックマップの経緯”として紹介する．なお，この節で紹介されるキーワードの技術的内容は，他の章・節で解説されるため，ここでは重複してのその説明を行うことは避ける．

1.2.1　第1回HyTime conferenceでのデビュー

JTC1/SC34が扱う“文書の処理と記述の言語”に関する国際標準化の議論は，以前はJTC1/SC18（文書の処理と関連通信）の中の第8作業グループ（WG8）で行われていた．WG8で開発されたSGML（標準一般化マーク付け言語）を用いてマルチメディア情報の構造記述を行おうとする活動が，Steven Newcomb，Charles Goldfarbらによって開始され，まずSMDL（標準音楽記述言語）のプロジェクトがWG8の中に設立された．その議論の過程で，マルチメディアに共通する技術要素が抽出され，それを記述するために，体系形式（architectural form）という概念が導入されて，HyTime（ハイパメディアおよび時間依存情報の構造化言語）が独立した規格ISO/IEC 10744:1992として発行された.

HyTimeはマルチメディア/ハイパメディアを扱うために必要な多くの斬新な技術を含み，原案審議段階でその分野の多くの技術者から注目を集めた．新規分野を扱う国際規格にありがちなように，多くの要求とコメントとが集まった結果，エディタはそれらを規格の中に反映することを余儀なくされ，HyTimeの規定内容は膨大なものになって，その実装が広く普及することはなかった．しかしHyTimeで導入されたハイパリンクの扱いは，HTMLのハイパリンクに引き継がれてWorld Wide Webの大普及につながり，さらにXLinkへと発展した．時間情報の扱いはSMIL [6] 等の関連規格に引き継がれ，ロケーションモデルの扱いはXPath [7] に発展した.

トピックマップはこのHyTimeのアプリケーションとして考案され，HyTimeを対象とする初めての国際コンファレンス“First International Conference on the Application of HyTime（IHC’94）”で国際的なデビューを果たした．このコンファレンスは，今も継続しているXML Conferenceと同様に，米国のGCA（Graphic Communications Association，現在のIDEAlliance）が主催する国際コンファレンスであり，カナダのバンクーバーで1994年の7月に開催された.

このIHC’94で発表された講演課題には，その後の関連議論が直接的または間接的にSC34等の国際標準化団体に引き継がれてそこでの主要な標準化課題となり，国際規格

表1-2 国際規格等に反映されたIHC’94での講演課題

講演課題 [講演者]	その課題の議論が国際標準化団体に引き継がれ，反映された国際規格等
[A] Interactive Electronic Technical Manuals (IETMs) [B. K. Caporlette]	ISO/IEC 13240:2001 Interchange Standard for Multimedia Interactive Documents (ISMID)
[B] Conventions for the Application of HyTime (CApH) [M. Biezunski]	ISO/IEC 13250:2000 SGML Applications – Topic Maps
[C] The electronic library project at EDF’s DER [M. Biezunski]	ISO/IEC 13250:2000 SGML Applications – Topic Maps
[D] A representation method for multilingual documents [Y. Komachi]	ISO/IEC TR 19758:2003 DSSSL library for complex compositions
[E] Making HTML a HyTime Application [W. E. Kimber]	ISO/IEC 10744:1997 Hypermedia/Time-based Structuring Language (HyTime) 2nd edition
[F] Using HyTime for external references [H. A. Tucker]	W3C Rec. XML Linking Language (XLink)

等として発行されたものが多く含まれている（表1-2参照）．このコンファレンスは講演件数が16件という小規模なものではあったが，その後の国際標準化に寄与する重要な議論が行われた価値あるコンファレンスであった．

M. Biezunskiは，表1-2に示される彼の2件の講演［B］，［C］の中でトピックマップ

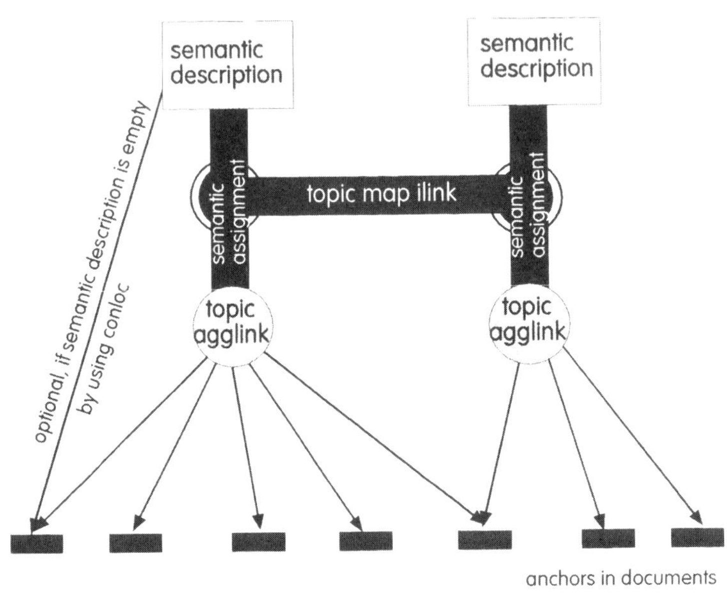

（a）

（b）

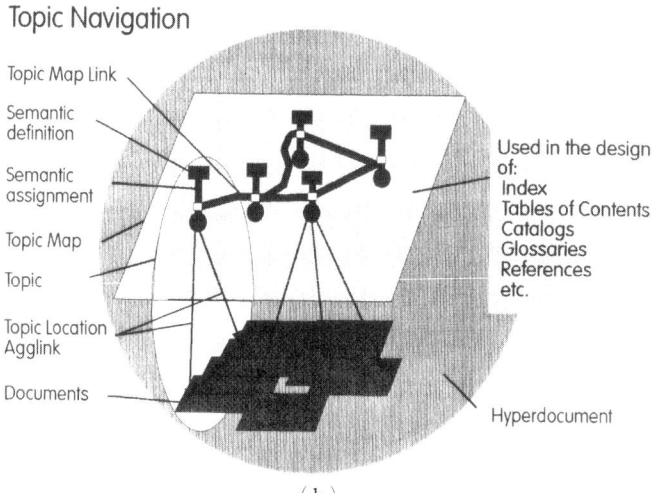

図1-5　Conventions for the Application of HyTimeの予稿集資料（代表的な3ページ）

```
CApH Topic Map Example     srn     pitot.new     Mon Jul 25 21:53:22 PDT 1994     Page 2

                FORMAL          YES
      APPINFO          "HyTime"
>
<?HyTime VERSION "ISO/IEC 10744:1992" HYQCNT=32>
<?HyTime MODULE base>
<?HyTime MODULE locs>
<?HyTime MODULE links>
<!DOCTYPE docu [
<!ENTITY % topics "person | device | discipline" >
<!ENTITY % topicMapLinks "contains | inventedBy">
<!ELEMENT docu - O (title, author, chapter*,
                   (%topics; | %topicMapLinks;)*)
                  +(item)>
<!ATTLIST docu
    HyTime      NAME                 HyDoc
    id          ID      #IMPLIED
    boslevel    NUMBER  #FIXED       1
>
<!ELEMENT chapter - O (para*) >
<!ATTLIST chapter
    id          ID      #IMPLIED
    chaptitle   CDATA   #IMPLIED
>
<!ELEMENT title - O (#PCDATA)>
<!ATTLIST title
    id          ID      #IMPLIED
>
<!ELEMENT author - O (#PCDATA)>
<!ATTLIST author
    id          ID      #IMPLIED
>
<!ELEMENT item - - (#PCDATA)>
<!ATTLIST item
    id          ID      #IMPLIED
>
<!ELEMENT semanticDefinition - O (semanticTitle?,
                                  semanticDescription)>
<!ATTLIST semanticDefinition
    CApH        NAME    #FIXED   Caph.semanticDefinition
    id          ID      #REQUIRED
    universe    CDATA   #IMPLIED
    mnemonic    CDATA   #IMPLIED
>
```

（c）

図1-5　（つづき）

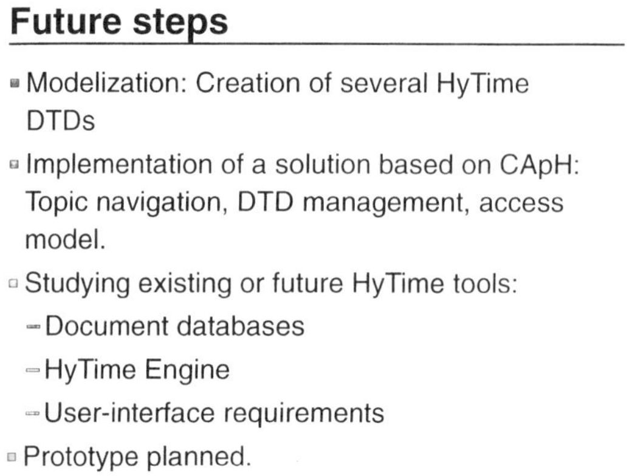

Future steps

- Modelization: Creation of several HyTime DTDs
- Implementation of a solution based on CApH: Topic navigation, DTD management, access model.
- Studying existing or future HyTime tools:
  - Document databases
  - HyTime Engine
  - User-interface requirements
- Prototype planned.

図1-6　The electronic library project at EDF's DERの予稿集資料（最終ページ）

の原型となる概念を公表した．なお当時は，トピックマップは，“Topic Maps”ではなく“Topic Navigation Map”と呼ばれ，当然のことながらHyTimeを構文として用いていた．これらの2件の講演に使われた予稿集資料の中から，当時の彼の構想を示す4ページを図1-5 [8]，図1-6 [9] に掲載する．

1.2.2　トピックマップ国際規格の第1版の発行まで

ISO/IEC JTC1/SC34の前身であるJTC1/SC18/WG8では，Topic Navigation Mapのプロジェクトを設立するための新作業課題提案（New Work Item Proposal：NP）が，委員会原案（Committee Draft：CD）とともに1996年5月のミュンヘン会議に提出され，審議の結果，それらをNP/CD同時投票にかけることが決まった．この会議では，市販のHyTimeエンジンを内蔵した処理系（EnLIGHTen，図1-7参照）によるTopic Navigation Mapの基本動作のデモも行われた．

これらの投票は1996年10月に締め切られ，プロジェクトが成立した．CDとNPの投票結果に対する対処の議論は1996年11月のボストン会議で行われ，対処内容の新テキストへの反映が会期中に行われた．このときのエディタは，“IHC'94”コンファレンスの講演者ではなく，以前からSGMLの議論に参加してきたM. Bryanであった．

このボストン会議と同時に近くの会場で開催されたGCA主催のコンファレンス（SGML'96）は，初めてXMLの規定文書がW3Cから配布され公開された記念すべきコンファレンスであった．このころから，SC18/WG8会議（後にSC34会議）はGCA主催のコンファレンスと同期して開催され，参加者の便宜が図られるようになった．

1997年5月にバルセロナで開催されたSC18/WG8会議では，HyTimeの第2版に多く

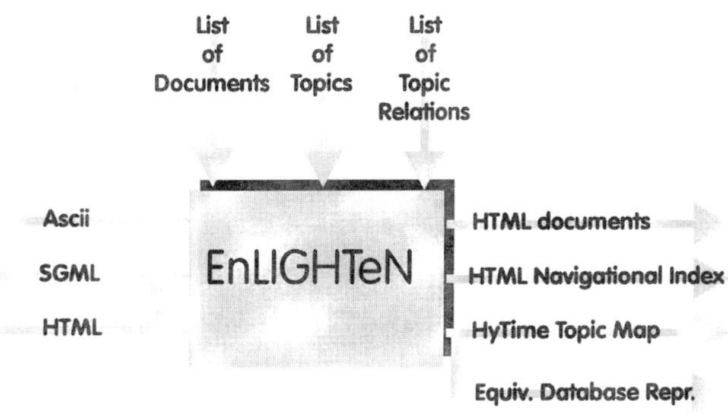

図1-7 EnLIGHTenの入出力

の議論が集中して，Topic Navigation Mapについてはあまり進展が見られなかった．しかし会議終了後には，M. Biezunskiが彼の試作したTopic Navigation Mapの処理系のデモを行っている．

1997年12月には，JTC1の組織再編の影響を受けてSC18はなくなり，SC18/WG8の課題はJTC1直下の作業グループJTC1/WG4として議論された．会議は米国ワシントンDCの郊外アレキサンドリアにあるGCAのオフィスで開催され，Topic Navigation Mapに関しては，最終CD（FCD）投票のための新テキストをJTC1セクレタリアートに提出することがエディタ（M. Bryan，M. Biezunski）に指示された．

しかしFCDテキストが投票にかけられるまでには，さらに長い時間を必要とした．1998年5月にはパリでJTC1/WG4会議が開催され，Topic Navigation Mapの専門家がTNM-RG（Rapporteur Group）として集まってFCDテキストの編集作業を継続し，追加の編集指示を承認した．この編集指示を反映したテキストをその後の電子会議で審議して，FCD投票にかけることをこの会議の決定事項とした．ほぼ同時に開催されたGCAのコンファレンス（SGML/XML Europe'98）では，SGML製品のSGMLからXMLへの移行に関する発表が目についた．

FCDテキスト（SC34 N008）は1998年10月に配布され，それに対する投票は，1999年2月を期限として行われた．

1998年11月にはSC34としての最初の会議がシカゴ郊外で開催された．SC34はこの会議で傘下に三つの作業グループ（WG）を置き，Topic Navigation Mapを第3作業グループ（WG3，議長はSteve Pepper）の課題の一つとすることを決めるとともに，そのエディタとしてSteven Newcombを追加指名した．

FCD投票で提出されたコメントをレビューとそれへの対処は，次のグラナダ会議（1999年4月）で行われ，最終DIS（Final Draft International Stadard：FDIS）テキストが作成された．この段階で，Topic Navigation MapはTopic Mapsへと改められた．

投票の結果，FDISテキストは承認され，1999年11月のフィラデルフィア会議で，FDISテキストに対するフランスからのコメントへの対処を行って，それを反映した最終テキストが作成された．それは，2000年1月にISO/IEC 13250:2000として発行された．

このようにトピックマップについては，場所を変え人を変え，関連規格の影響を受けながらさまざまな議論が行われ，国際規格としてはかなりの時間を出版までに要した規格として関係者の記憶に残っている．しかしトピックマップの議論はここで終わったわけではなかった．

1.2.3　SC34での議論はまだ続く

トピックマップの国際規格第1版（ISO/IEC 13250:2000）の発行がWG3報告としてアナウンスされたSC34のパリ会議（2000年6月）では，早くもその規格内容に対する技術訂正（Technical Corrigendum：TC）の必要性が議論された．

次のワシントンDC会議（2000年12月）では，第1版に関する誤り報告（Defect report）が提出されるとともに，トピックマップの問合せ言語（Topic Maps Query Language：TMQL）と概念モデル（Topic Maps Conceptual Model：TMCM）の必要性が提案されて，それらの新作業課題提案（NP）が行われた．同時に開催されたコンファレンス（XML 2000）では，W3CのDirectorであったTim Berners-Leeが基調講演でSemantic Webの構想を打ち上げ，それを実現する手段となる核技術の候補として，RDF，トピックマップが示された．RDFとトピックマップとの統合（convergence）の必要性も提示された．

2001年5月にベルリンで開催されたSC34会議では，さらに誤り報告が提出されて技術訂正1（TC1）の案が議論され，投票にかけられることになった．トピックマップの制約言語（Topic Maps Constraint Language：TMCL）の新作業課題提案も議論された．このようなトピックマップに関する関連規格の標準化への議論を受けて，5月のコンファレンス（XML Europe 2001）では，次のようなさまざまな関連課題が講演されている．

- “tolog” A Topic Map Query Language
- RDF and TopicMaps An Exercise in Convergence
- Graph Clustering in Very Large Topic Maps
- Combinatorial Hypermaps vs Topic Maps

2001年12月のオーランド会議では，TC1の投票コメントへの対処が議論されるとともに，急に増えたトピックマップ関連標準化課題を整理するため，トピックマップのロードマップが作成された．トピックマップの参照モデル（Topic Maps Referencel Model：TMRM）も議題に加わり，その内容が示されるまでは，TMQLとTMCLの議論を延期することになった．さらに，従来のHyTime構文を用いたトピックマップとXML構文を用いたトピックマップとの比較の議論も開始された．同時開催のコンファレンス（XML 2001）では，予稿集として従来のPDF/HTML版に加えてトピックマップ版が配布され，話題を呼んだ．

〔1〕 技術訂正1と国際規格第2版

国際規格第1版に対するTC1の原案は，2001年9月の投票で反対なしで承認された．日本，ノルウェー，英国，米国からのコメントに対する議論が行われ，2001年11月にはその結果を反映したTC1がSC34メンバに配布された．

2002年5月のバルセロナ会議ではさらにTC1の訂正内容に従って規格本体の修正が行われ，それもSC34メンバに配布された．読みやすさを考慮して，ISOはこれをトピックマップ国際規格の第2版（ISO/IEC 13250:2003）として2003年5月に発行した．

〔2〕 国際規格のマルチパート構成

2002年12月にボルチモアで開催されたSC34会議では，トピックマップ国際規格の再構成が検討された．その後，次の機能を含めるように，国際規格（ISO/IEC 13250）のマルチパート化を図るNPが提案され，2003年3月を期限とする投票が行われた．

- データモデルの形式的指定
- 二つの標準的な交換構文の間の関係の記述
- 正準構文を用いたトピックマップエンジンの適合性試験

投票の結果，このNPは承認され，以降の作業の詳細が2003年5月のロンドン会議で審議されることになった．その後もマルチパート構成の検討は続けられ，2005年11月においては，次のパートが開発の対象になっている．

- パート1（ISO/IEC 13250-1）概要および基本概念
- パート2（ISO/IEC 13250-2）データモデル
- パート3（ISO/IEC 13250-3）XML構文
- パート4（ISO/IEC 13250-4）正準化
- パート5（ISO/IEC 13250-5）参照モデル

さらにISO/IEC 13250に関連する規格として，次の課題が検討されている．

- ISO/IEC 18048 TM問合せ言語（TMQL）
- ISO/IEC 19756 TM制約言語（TMCL）

表1-3　トピックマップ規格開発年表

年–月	事象［事象の主体］
1994-07	IHC'94でTopic Navigation Mapsが発表される［M. Biezunski］
1996-05	Topic Navigation MapsのNP/CDが提案される［JTC1/SC18］
1996-10	Topic Navigation Mapsのプロジェクトが成立［JTC1/SC18］
1998-10	Topic Navigation MapsのFCDテキストが配布される［JTC1/SC18］
1999-02	Topic Navigation MapsのFCD投票が終わる［JTC1/SC18］
1999-11	Topic MapsのFDIS投票が終わる［JTC1］
2000-01	ISO/IEC 13250:2000が発行される［ISO］
2001-01	TMCMのNP/PDTR投票およびTMQLのNP/CD投票が開始される［JTC1/SC34］
2001-04	TMCMのNP/PDTR投票およびTMQLのNP/CD投票が終わり，プロジェクトが成立［JTC1/SC34］
2001-09	TMCLのNP/CD投票が終わり，プロジェクトが成立［JTC1/SC34］
2001-09	ISO/IEC 13250:2000/Draft TC1投票が終わる［JTC1/SC34］
2001-11	ISO/IEC 13250:2000/TC1が配布される［JTC1/SC34］
2002-09	JIS X 4157:2002が制定される［JISC］
2002-12	ISO/IEC 13250のマルチパート化のNP投票が開始される
2003-03	ISO/IEC 13250のマルチパート化のNP投票が終わり，プロジェクトが成立［JTC1/SC34］
2003-05	ISO/IEC 13250:2003（2nd edition）が発行される［ISO］
2003-11	JIS X 4157:2003（追補1）が制定される［JISC］
2004-01	ISO/IEC 13250-2のCD投票が終わる［JTC1/SC34］
2004-05	ISO/IEC 13250-4のCD投票が終わる［JTC1/SC34］
2004-05	ISO/IEC 13250-3のCD投票が終わる［JTC1/SC34］
2005-05	ISO/IEC 13250-5のCD投票が終わる［JTC1/SC34］
2005-05	ISO/IEC 18048（TMQL）のCD投票が終わる［JTC1/SC34］
2005-05	ISO/IEC 19756（TMCL）のCD投票が終わる［JTC1/SC34］
2005-05	ISO/IEC 13250-2のFCD投票が終わる［JTC1/SC34］
2005-05	ISO/IEC 13250-3のFCD投票が終わる［JTC1/SC34］
2005-05	ISO/IEC 13250-4のFCD投票が終わる［JTC1/SC34］

- Topic Mapsの簡潔構文（CTM）
- Topic Mapsの図形記法（GTM）
- 公開主題用メタデータ

以上の国際規格開発の経緯は，1.2.4項に示す国内の動向をも含めて，表1-3に整理してある．

1.2.4 国内での規格制定

〔1〕 JIS X 4157:2002

国際および国内の技術動向を踏まえ，通商産業省（当時）の工業技術院は，(財)日本規格協会 情報技術標準化研究センター（INSTAC）に対して2000年度の活動として，ISO/IEC 13250:2000のJIS化作業を委託した．INSTACでは“文書処理およびフォントの標準化調査研究委員会”（DDFD）がこの作業を担当し，ISO/IEC 13250:2000を翻訳して2001年8月にJIS原案を提出している．その後の審査を経て，この原案は，2002年8月にJIS X 4157:2002“SGML応用–トピックマップ”として制定された．

JIS本体においては，原規格のIntroductionを0. 導入とし，以降の節番号に関してISO/IEC 13250とJIS X 4157との一致を保っている．原規格には，微妙な英語表記が使われていて，翻訳によってはその意味を十分に伝えきれない可能性があった．そこでJISとして異例ではあるが，原規格の5.を原文のまま附属書1として附属書Bの後に配置している．

〔2〕 JIS X 4157 追補1

ISOがトピックマップ国際規格の第2版を発行したことを受けて，国内ではそのJISへの反映の議論が開始された．当初SC34のプロジェクトはTC（技術訂正）として活動していたこと，主要な修正が附属書Cの追加だけであることを考慮して，国内では修正内容だけを記述した追補による出版を行うことにした．そこでTC1が承認された段階で，INSTACに設けられた“文書処理およびフォントの標準化調査研究委員会”（DDFD）は，それをJIS追補とするための翻訳作業に着手した．TC1に技術的に一致するJIS X 4157追補1原案は，2003年1月に経済産業省に提出された．その後の審査を経て，この原案は，2003年11月にJIS X 4157:2003“SGML応用–トピックマップ（追補1)”として制定された．

〔3〕 関連する標準情報（TR）

JIS X 4157は，抽象的記述が多用され，その規定内容は必ずしも容易に理解できるものではない．内容理解に役立つ関連規定として，XMLに基づくトピックマップがTopicMaps.Orgから公表 [10] されている．それは，INSTACの“将来型文書統合システム標準化調査研究委員会（AIDOS）”における2001年度の活動として翻訳され，標準情報TR X 0057:2002“XMLトピックマップ（XTM）1.0”として公表された．

トピックマップ情報の交換に必要な構文の処理規則の一部は，TR X 0057に含まれているが，その後の検討がTopicmaps.netのメンバによって続けられ，Processing Model for XTM 1.0 [11] としてまとめられた．

SC34では，トピックマップのデータモデルおよび参照モデルの標準化が進められている．データモデルが確立されれば，トピックマップ情報の表現方法が統一されるだけでなく，データモデルを介して異なる構文への変換も容易になる．参照モデルについては，Processing Model for XTM 1.0を基礎に，データモデルよりもさらに抽象度および汎用性の高いモデルの構築が目指されていて，それが確立されれば，トピックマップ情報だけでなく，他のメタ情報体系（例えば，RDF情報）との情報交換も参照モデルを介して可能になる．

国内でも，トピックマップ応用システムは報告されている．他のメタ情報体系による情報整備も進められていて，トピックマップ情報および他のメタ情報体系との交換性が強く望まれているため，TR X 0057の原案作成を行ったINSTACの“将来型文書統合システム標準化調査研究委員会（AIDOS）”は，Processing Model for XTM 1.0の意義を2001年度の報告 [12] に示すとともに，2002年度の活動としてその翻訳を行い，標準情報（TR）の原案として，2003年3月に経済産業省に提出した．それは標準情報TR X 0090:2003“XTM 1.0のための処理モデル–XMLトピックマップのための処理モデル”として公表されている．

1.3 トピックマップワールドの体験

トピックマップの詳細に入る前に，ざっとトピックマップワールドを体験してみよう．直観的に体験するために，トピックマップ表示用のソフトウェアOmnigatorを用いて説明することとする．したがって，まず，準備として，OKS Samplersのインストールを行う．OmnigatorはOKS Samplersに含まれている．インストール方法については，付録C.1を参照のこと．そして，添付のCD-ROMに格納されている江戸川乱歩のトピックマップ“rampo1.ltm”と，平井家のトピックマップ“hirai-family1.ltm”を，OKS Samplers下の以下のディレクトリに置く．

C:¥oks-samplers¥apache-tomcat¥webapps¥omnigator¥WEB-INF¥topicmaps

（OKS SamplersをWindowsのCドライブにインストールしたときの例）

ここでは，江戸川乱歩のトピックマップに基づいて説明する．例えば，図1-8のような主題および主題間の関係を考えてみる．

すなわち，以下の主題，および主題間の関係を対象にすることとする．

- 主題
  - 人（江戸川乱歩）
    （明智小五郎）
    （怪人二十面相）
  - 市（名張市）
  - 小説（怪人二十面相）
    （二銭銅貨）
    （少年探偵団）
    （心理試験）
    （黄金仮面）
    （D坂の殺人事件）
- 主題間の関係
  - 著す（江戸川乱歩は，怪人二十面相を著す）
    （江戸川乱歩は，少年探偵団を著す）
    （江戸川乱歩は，二銭銅貨を著す）
    （江戸川乱歩は，心理試験を著す）
    （江戸川乱歩は，黄金仮面を著す）
    （江戸川乱歩は，D坂の殺人事件を著す）
  - 生まれる（江戸川乱歩は，名張市に生まれる）
  - 登場する（明智小五郎は，少年探偵団に登場する）
    （明智小五郎は，怪人二十面相に登場する）
    （怪人二十面相は，少年探偵団に登場する）
    （怪人二十面相は，怪人二十面相に登場する）
    （松村武は，二銭銅貨に登場する）

トピックマップでは，主題はトピックで表現され，主題間の関係は関連で表現される．小説のうちの「少年探偵団」と「怪人二十面相」は，少年探偵団シリーズに属し，「二銭銅貨」，「心理試験」，「黄金仮面」そして「D坂の殺人事件」は，明智小五郎ものに属する．

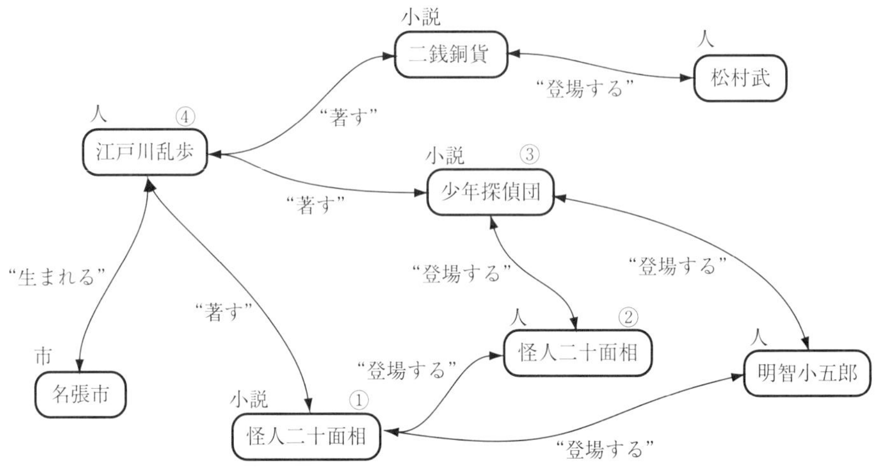

図1-8　江戸川乱歩に関係する主題および主題間の関係

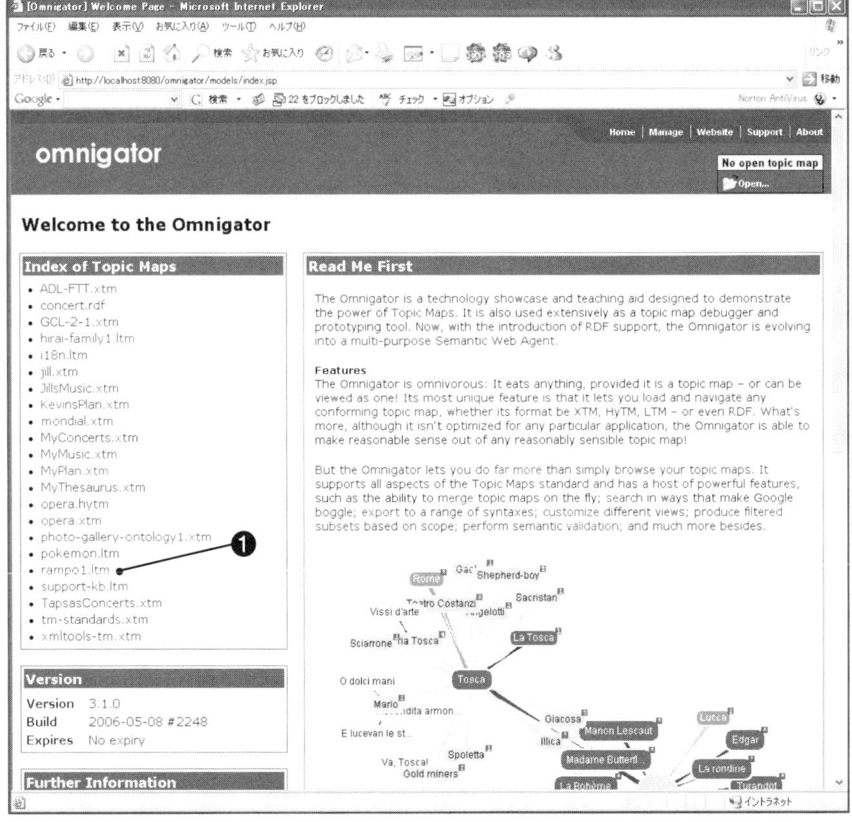

図1-9　Omnigator の Welcome 画面

1.3.1　トピックマップブラウザでの表示

上記の江戸川乱歩トピックマップを表示して，主題および主題間の関連をナビゲートしてみる．トピックマップブラウザとしてOmnigatorを使用する．早速，Omnigatorを起動して，江戸川乱歩トピックマップを表示してみよう．起動方法については，付録C.1.3およびC.2.1を参照のこと．Omnigatorを起動するとOmnigatorのWelcome画面（図1-9）が表示される．

左側の“Index of Topic Maps”の領域の中の江戸川乱歩トピックマップ（rampo1.ltm）をクリックする（図1-9①）と江戸川乱歩トピックマップのIndex Page（図1-10）が表示される．

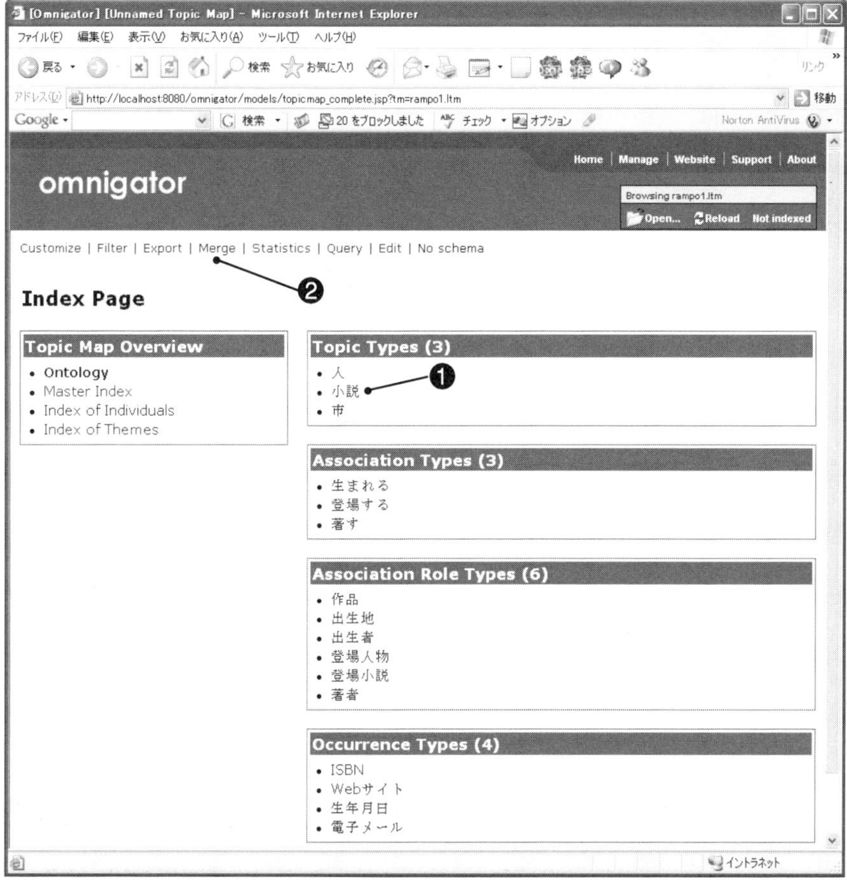

図1-10　江戸川乱歩トピックマップのIndex Page画面

このIndex Pageでは，江戸川乱歩トピックマップが，以下の型から構成されていることを表示している．

- 三つのトピック型（Topic Types）
  - 人，小説，市
- 三つの関連型（Association Types）
  - 生まれる，登場する，著す
- 六つの関連役割型（Association Role Types）
  - 作品，出生地，出生者，登場人物，登場小説，著者
- 四つの出現型（Occurrence Types）
  - ISBN，Webサイト，生年月日，電子メール

Index Pageに表示されているTopic Typesの中から，“小説”を選択すると（図1-10①），図1-11のように，“小説”型のトピックの一覧が表示される．画面中の“Topics

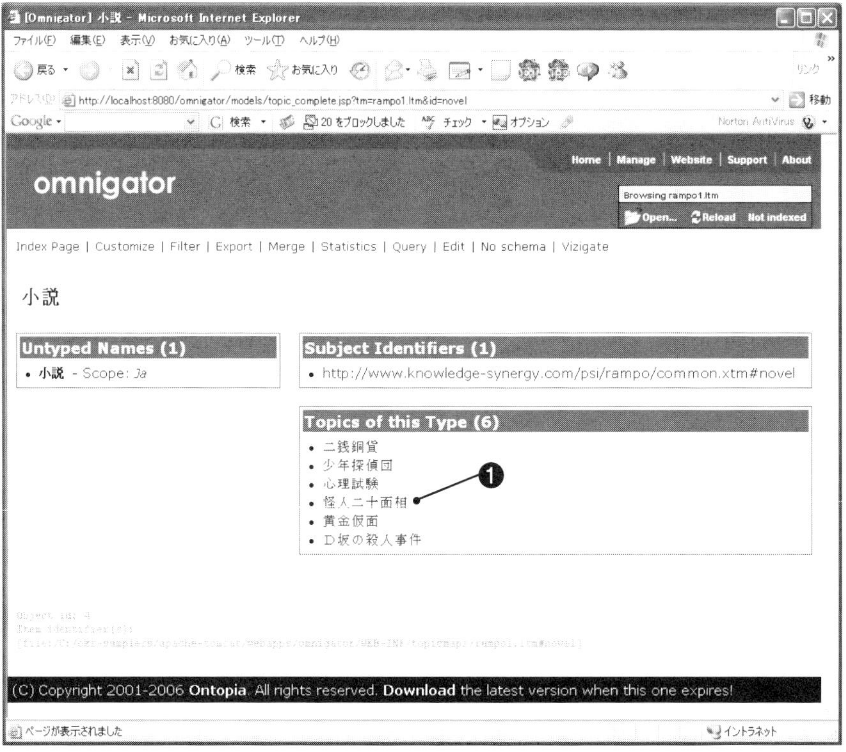

図1-11 “小説”型のトピックの一覧

of this Type (6)”の下に表示されているのが“小説”型のトピックの一覧である．“Subject Identifiers (1)”の下に表示されているのは，主題識別子 (subject identifier) である．この場合，“小説”という主題を識別するために割り当てられた主題識別子 (URIの形式をしている) を表示している．主題識別子については，2.1.2項で説明する．

“小説”型のトピックの一覧の中から“怪人二十面相”を選択 (クリック) すると (図1-11①)，“怪人二十面相”トピックについての画面 (図1-12) が表示される．つまり，図1-8の中の①“怪人二十面相”トピックに視点を置いた (焦点を合わせた) ことになる．

図1-12の画面では，“怪人二十面相”トピックは，型 (type) が“小説”であり，三つの型なしの名前 (Untyped Names (3)) をもつこと，すなわち，“怪人二十面相”(有

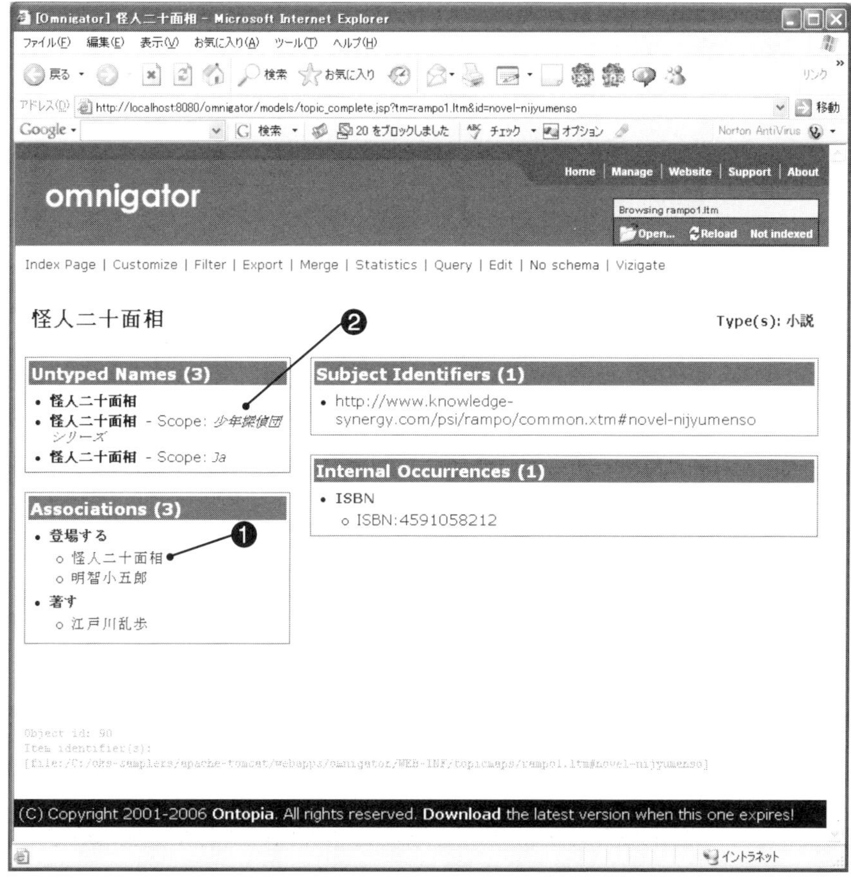

図1-12 “怪人二十面相”トピック (“小説”型)

効範囲（Scope）：なし），“怪人二十面相”（有効範囲（Scope）：少年探偵団シリーズ），“怪人二十面相”（有効範囲（Scope）：Ja）の3種類の名前をもつことが表示されている．有効範囲については，2.1.7項で説明する．“Associations（3）”の下に，“登場する”型の関連（association）で，“怪人二十面相”，“明智小五郎”と関係し，“著す”型の関連で，“江戸川乱歩”と関係していることが表示されている．さらに，内部出現（internal occurrences）としてISBNをもつことが表されている．ここで，“登場する”関連の中の“怪人二十面相”を選択すると（図1-12①），“登場する”関連をたどって，今度は型が“人”である“怪人二十面相”トピックについての画面（図1-13）が表示される．つまり，図1-8の①の“怪人二十面相”から，②の“怪人二十面相”に，ナビゲートしたことになる．

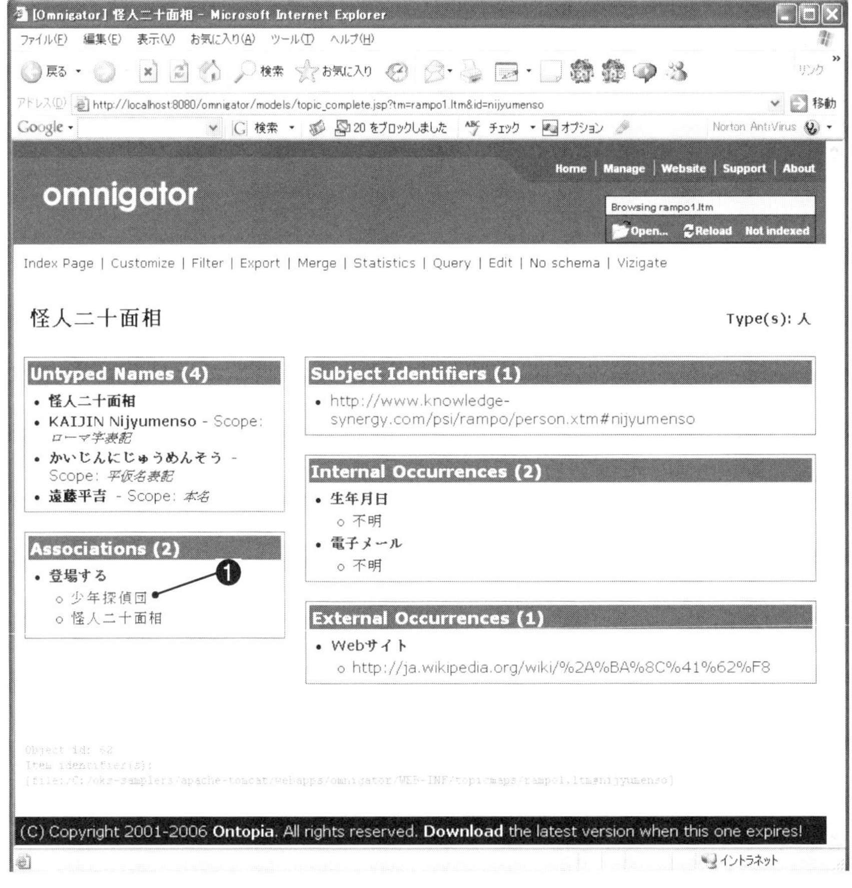

図1-13　“怪人二十面相”トピック（“人”型）

図1-13の画面では，“怪人二十面相” トピックは，型（type）が “人” であり，“登場する” 型の関連（association）で，“少年探偵団”，“怪人二十面相” と関係していることが表示されている．さらに，内部出現（internal occurrences）として “生年月日” と “電子メール” をもち，外部出現（external occurrences）として，Webサイトをもつことが表されている．ここで，今度は，“登場する” 関連（association）の中の “少年探偵団” を選択すると（図1-13①），“登場する” 関連をたどって，“少年探偵団” トピックについての画面（図1-14）が表示される．つまり，図1-8の②の “怪人二十面相” から，③の “少年探偵団” に，ナビゲートしたことになる．

図1-14の画面では，“少年探偵団” トピックは，型（type）が “小説” であり，“登場する” 型の関連（association）で，“怪人二十面相”，“明智小五郎” と関係し，“著す”

図1-14 “少年探偵団” トピック（“小説” 型）

型の関連で，“江戸川乱歩”と関係していることが表示されている．さらに，内部出現（internal occurrence）としてISBNをもつことが表示されている．ここで，今度は，“著す”関連（association）の中の“江戸川乱歩”を選択すると（図1-14①），“著す”関連をたどって，“江戸川乱歩”トピックについての画面（図1-15）が表示される．つまり，図1-8の③の“少年探偵団”から，④の“江戸川乱歩”に，ナビゲートしたことになる．

図1-15の画面では，“江戸川乱歩”トピックは，型（type）が“人”であり，“生まれる”型の関連で，“名張市”と関係し，“著す”型の関連で，“二銭銅貨”，“少年探偵団”，“心理試験”，“怪人二十面相”，“黄金仮面”，および，“D坂の殺人事件”と関係していることが表されている．さらに，内部出現（internal occurrences）として“生年月日”と“電子メール”をもち，外部出現（external occurrences）として，Webサイト

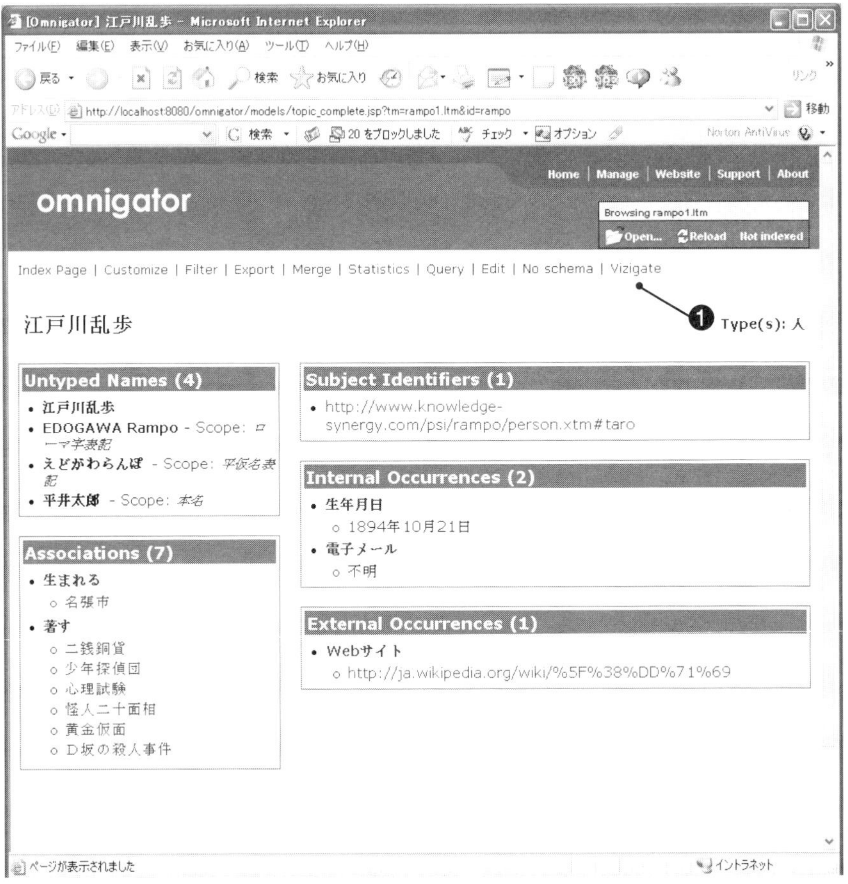

図1-15 “江戸川乱歩”トピック（“人”型）

をもつことが表されている.

このように，トピックマップは，主題の間を，関連を通り道にして自由にナビゲートすることができる．関連し合う主題群を，いろいろ視点を変えながら見ることができる.

“小説”型の“怪人二十面相”トピックの画面（図1-12）に戻って，“Untyped Names (3)”の中の“Scope: 少年探偵団シリーズ”を選択する（図1-12②）．その結果，少年探偵団シリーズに該当する作品の一覧が表示される（図1-16）.

トピックマップでは，有効範囲（scope）を設定し，有効範囲に該当するものだけをフィルタリングすることができる．有効範囲については，2.1.7項で説明する.

次に，視覚化（グラフ表示）の例を示す．Omnigatorでトピックを表示している状態，例えば，図1-15のように，“江戸川乱歩”トピックを表示している状態で，画面上部のメニューバーから，“Vizigate”を選択すると（図1-15①），グラフ図が表示される（図1-17）．中心になるトピックは，グラフ画面に移る前に表示されていたトピックである.

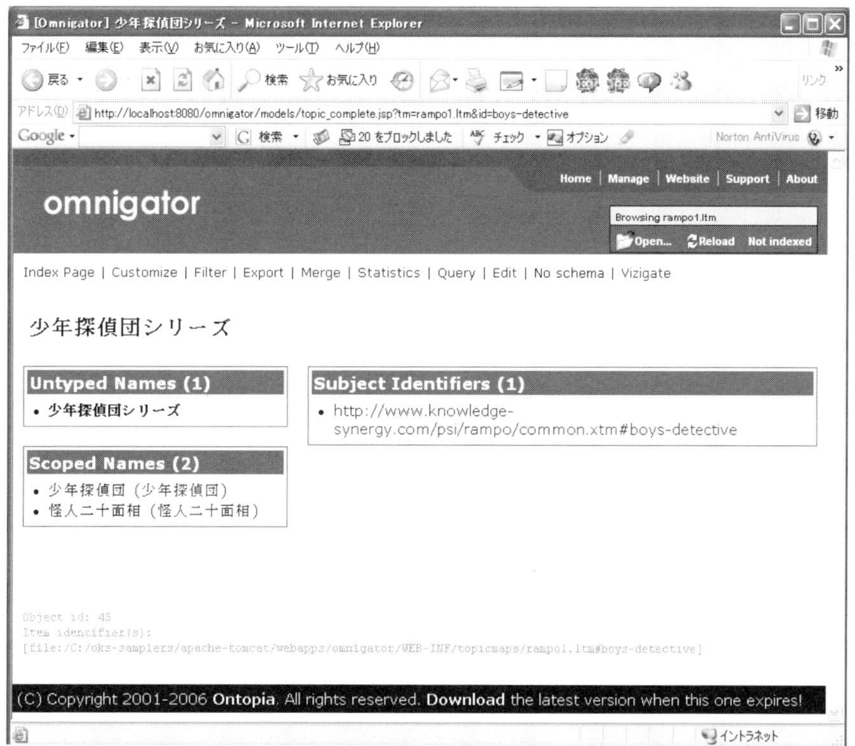

図1-16　有効範囲“少年探偵団シリーズ”

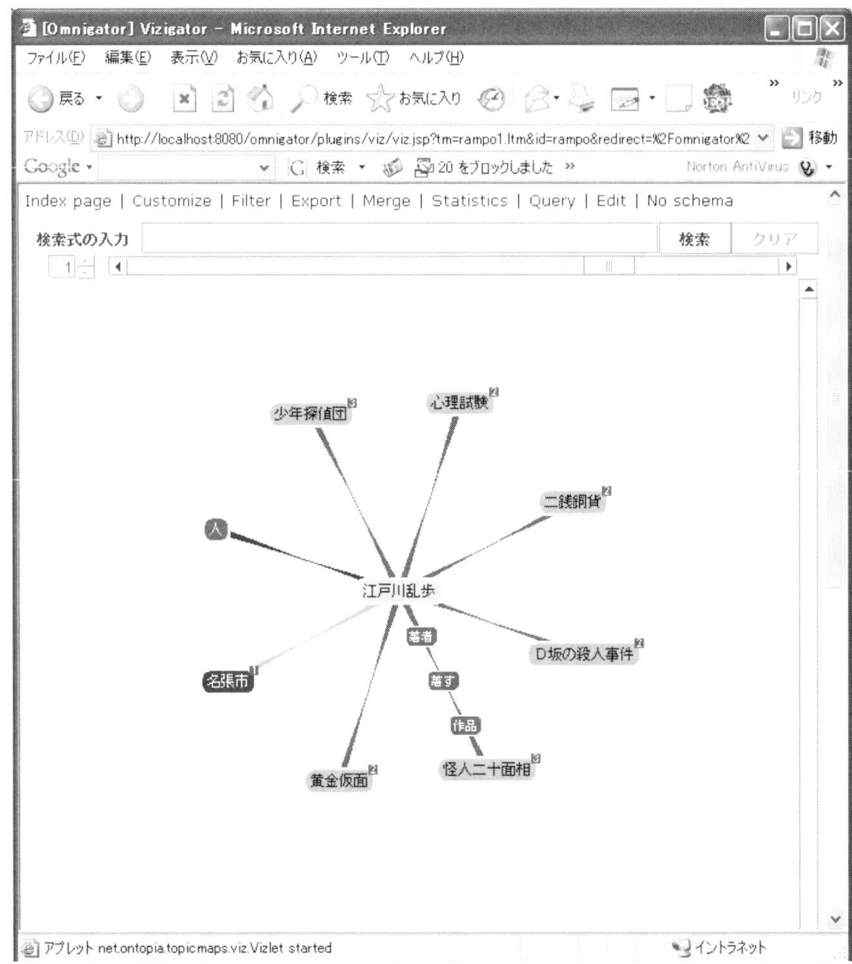

図1-17 "江戸川乱歩" トピックに焦点をあてたトピックマップのグラフ図

グラフ図は，主題（トピック）と，主題間の関連から構成されるトピックマップの構造を直観的に表現している．このグラフ図は，"江戸川乱歩" トピックと，それと関連するトピックが表示されている．線（関連）の上にマウスカーソルをもっていくと関連，関連役割が表示される．

ノード上にマウスポインタを位置づけ，左クリックすると，今度は，そのノードを中心にしたグラフ図が表示される．クリックの回数が1回だと，クリックする前のノードとアークが残ったままで，新しいノードとアークが追加描画される．ダブルクリックすると，クリックしたノードを中心としたグラフ図が新しく描画される．また，ノード，アークの上で右クリックすると，ノード，アークに対する操作メニューが表示される．このように，グラフ図上でナビゲートすることで，主題および主題間の関係，すなわち，主題の文脈をより直観的に把握することができる．読者の方にも，ぜひ，試してみていただきたい．

1.3.2 トピックマップの併合

トピックマップは，その機構として併合（マージ）の機能をもっている．併合するとき，RDBのように，テーブル構造を一致させる必要はない．別々に作成した異なる構造のトピックマップどうしも構造を意識せずに併合することができる．これまで見てきた，江戸川乱歩トピックマップに，図1-18の左側の平井家の家系図トピックマップを併合してみる．“江戸川乱歩”の本名は，“平井太郎”である．すなわち，下記の家系図の“平井太郎”が“江戸川乱歩”である．

Omnigatorは，併合の機能ももっている．例えば，図1-10“江戸川乱歩”トピックマ

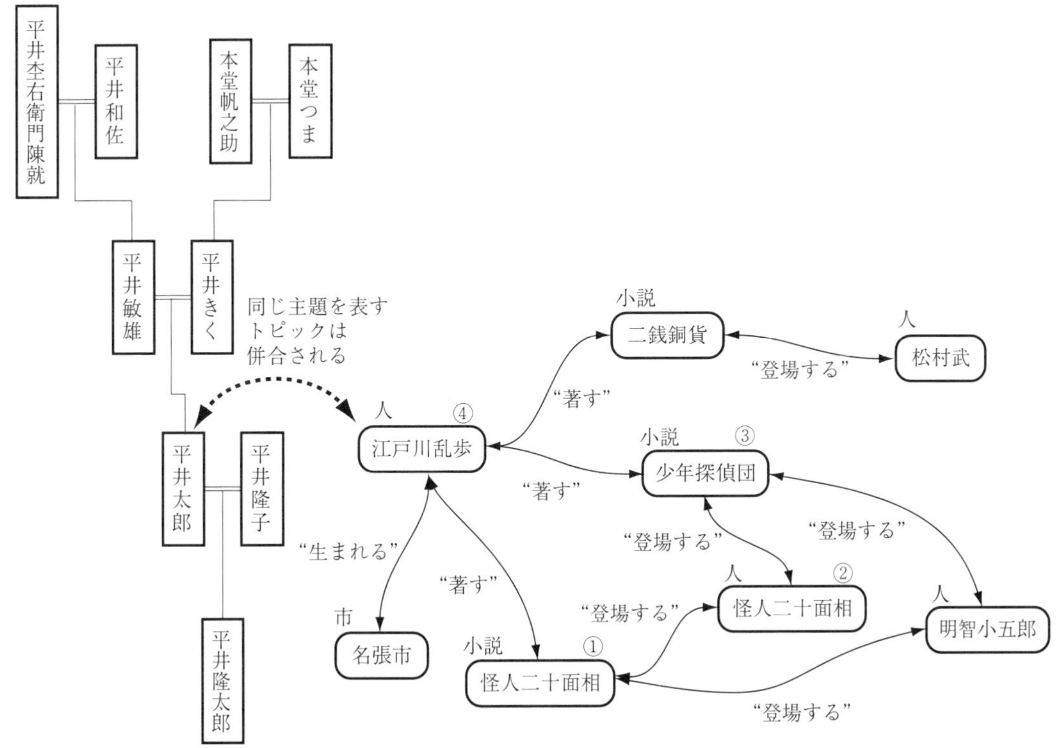

図1-18　江戸川乱歩トピックマップと平井家の家系図トピックマップの併合

ップのIndex Pageのメニューバーから，“Merge”を選択すると（図1-10②），“Merging and Duplicate Suppression”画面が表示される（図1-19）．

“Merge Another Topic Map”の選択メニューから，“hirai-family1.ltm”を選択し（図図1-19①），“Merge”ボタンをクリックすると（図1-19②）併合が行われる．併合後の“江戸川乱歩（平井太郎）”トピックを図1-20に示す．

併合前の“江戸川乱歩”トピック（図1-15）の内容と比べると，トピック名（“Untyped Names”）に，“平井　太郎（Scope：Ja）”が追加され，関連（“Associations”）に，“夫婦”および“親子”関連が追加されていることがわかる．すなわち，“江戸川

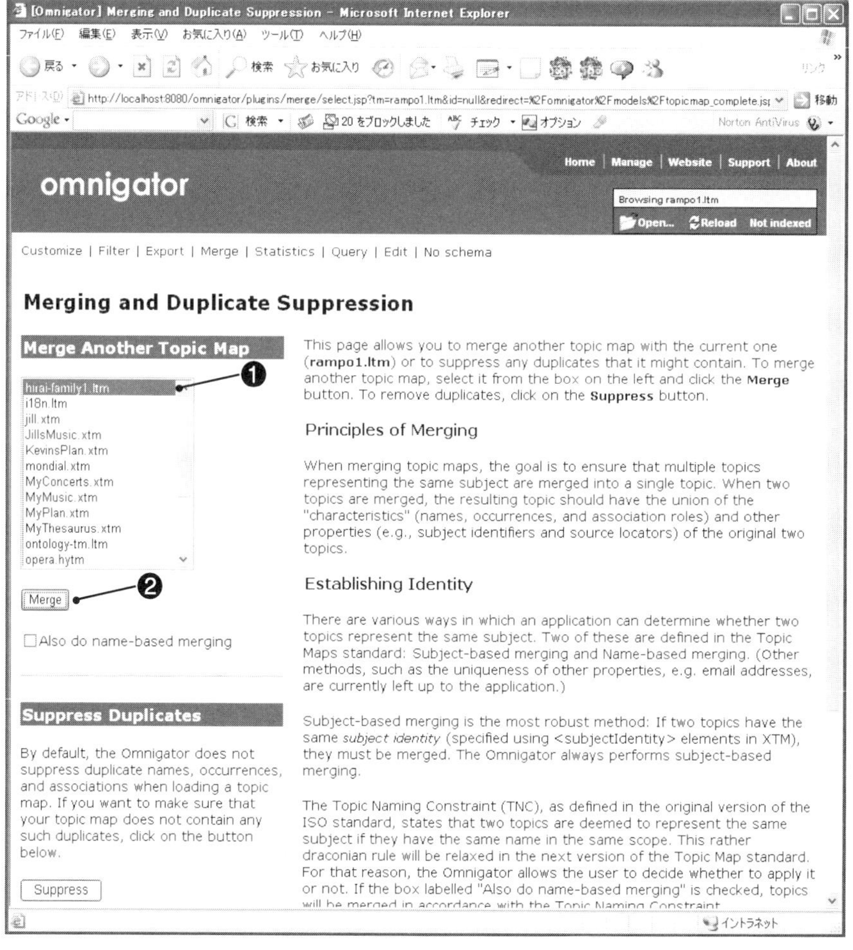

図1-19　“Merging and Duplicate Suppression”画面

乱歩”トピックマップの中の“江戸川乱歩”トピックの主題識別子と，“平井家の家系図”トピックマップの中の“平井　太郎”トピックの主題識別子が等しいため，二つのトピックが併合により一つに統合され，二つのトピックがもっていたトピック名，関連が同時に表示されているのである．この状態で，メニューバーから“Vizigate”を選択すると（図1-20①），図1-21のグラフ図が表示される．このグラフからも，江戸川乱歩トピックを結合点として，二つのトピックマップが併合されていることがわかる．

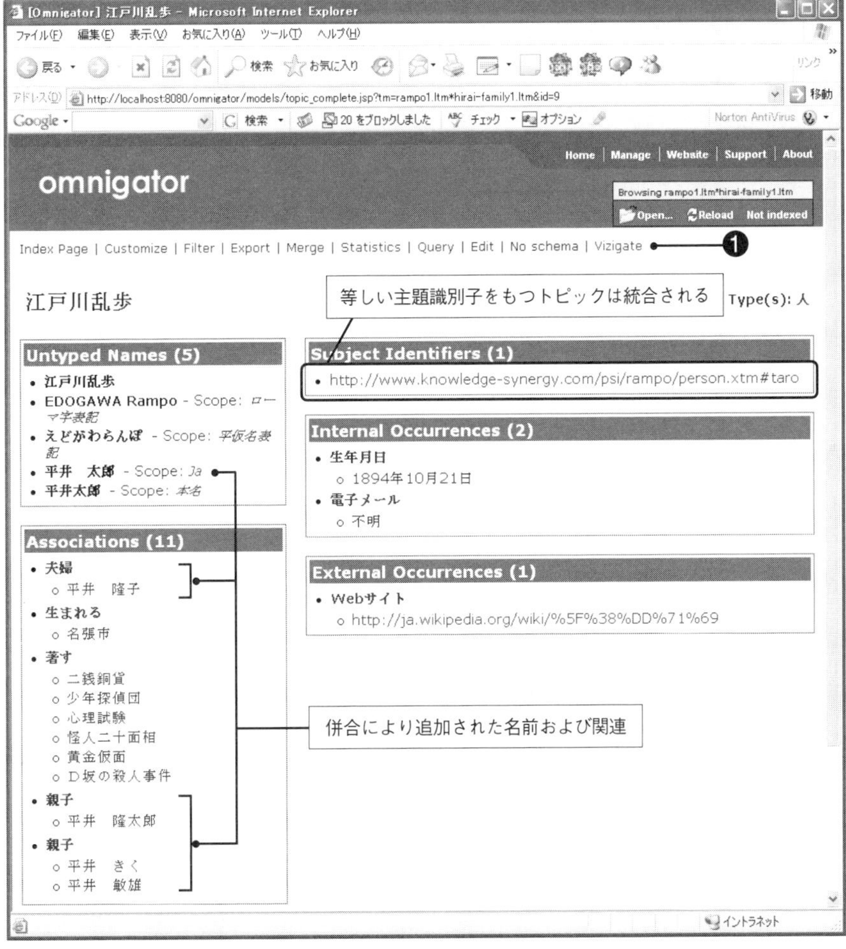

図1-20　併合後の“江戸川乱歩（平井太郎）”トピック画面

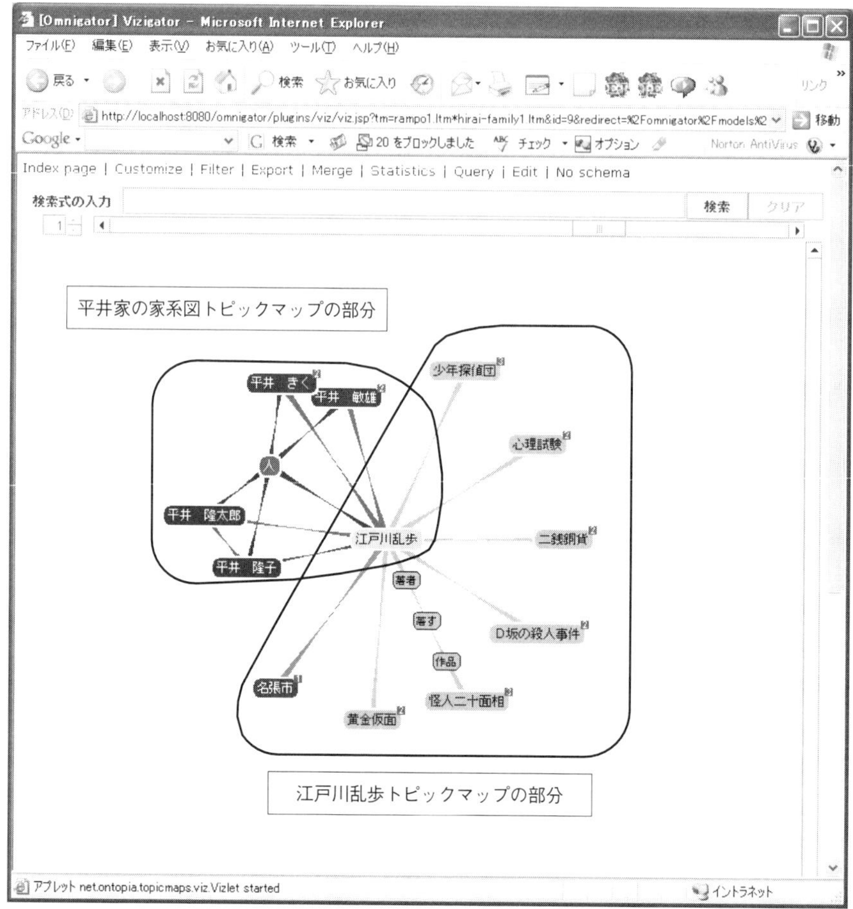

図1-21　併合後のグラフ図

1.3.3　検　　索

次に，トピックマップの検索の例を示す．Ontopia社が作成したtologという問合せ言語を用いれば，トピックマップの構造に基づいた検索を行うことができる．さらに関連（述語）を使った検索も行うことができる．tologもOmnigatorで試すことができる．

OmnigatorのWelcome Pageから，平井家の家系図トピックマップを“hirai-family1.ltm”を選択する．

平井家の家系図トピックマップは，以下の型をもつ．

- 一つのトピック型（Topic Types）
  - 人
- 二つの関連型（Association Types）
  - 親子，夫婦
- 六つの関連役割型（Association Role Types）
  - 夫，妻，娘，息子，母親，父親

ここで，“Topic Type”から“人”を選び（図1-22①），表示された人の一覧から“平井　太郎”を選択すると，“平井　太郎”トピックの内容が表示される（図1-23）．

“平井　太郎”トピックは，“夫婦”関連と二つの“親子”関連をもつ，一番目の“親子”関係は，息子“平井　隆太郎”との親子関係であり，二番目の“親子”関係は，父母である“平井　きく”，“平井　敏雄”との親子関係である．

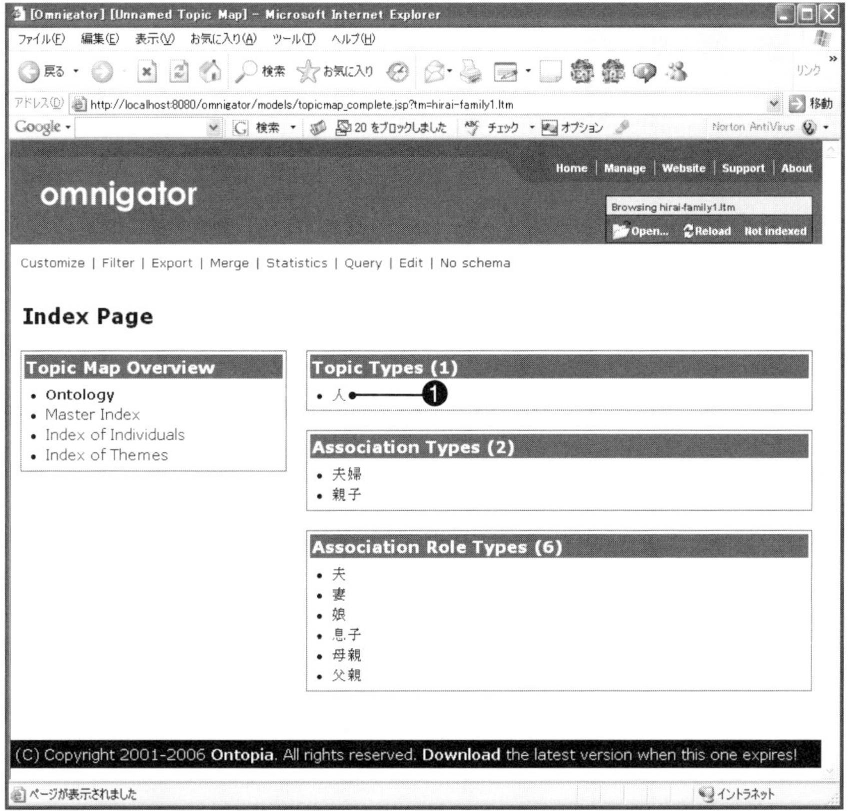

図1-22　平井家の家系図トピックマップの“Index Page”画面

図1-23　平井太郎トピック

“親子”関連と“夫婦”関連しかない家系図から，問合せ言語tologを使用して，“祖父と孫”の関係にある人たちを検索してみる．“祖父と孫”の関係にある人たちを検索するための検索式を以下に示す．

```
grand-father($GrandFather, $GrandChild) :- {
parent-child($FATHER : father, $GrandChild : son),
parent-child($GrandFather : father, $FATHER : son)
}.

grand-father($GrandFather, $GrandChild)?
```

tologでは，検索式の中で新しい関係を定義することができる．“祖父と孫”の関係を検索するために，この検索式では，“親子（parent-child）”関係（述語）を2回繰り返して“grand-father”という関係を定義している．次に実際に検索をしてみる．メニューバーから“Query”を選択すると（図1-23①），“Query”画面が表示される．Query画面に，上記検索式を入力し（図1-24①），“Search”ボタンをクリックする（図1-24②）．その様子を図1-24に示す．そして，検索結果を図1-25に示す．

検索の結果，“平井　杢右衛門陳就”と“平井　太郎”，および，“平井　敏雄”と“平井　隆太郎”とが“祖父と孫”の関係にあることがわかる（図1-25①）．

以上，駆け足でトピックマップワールドを体験していただいた．だいたいの雰囲気はつかんでいただけたと思う．トピックマップでは，主題は孤立して存在するのでなく，他の主題との関係において存在する．すなわち，主題をそのコンテキストとともに表現することができる．

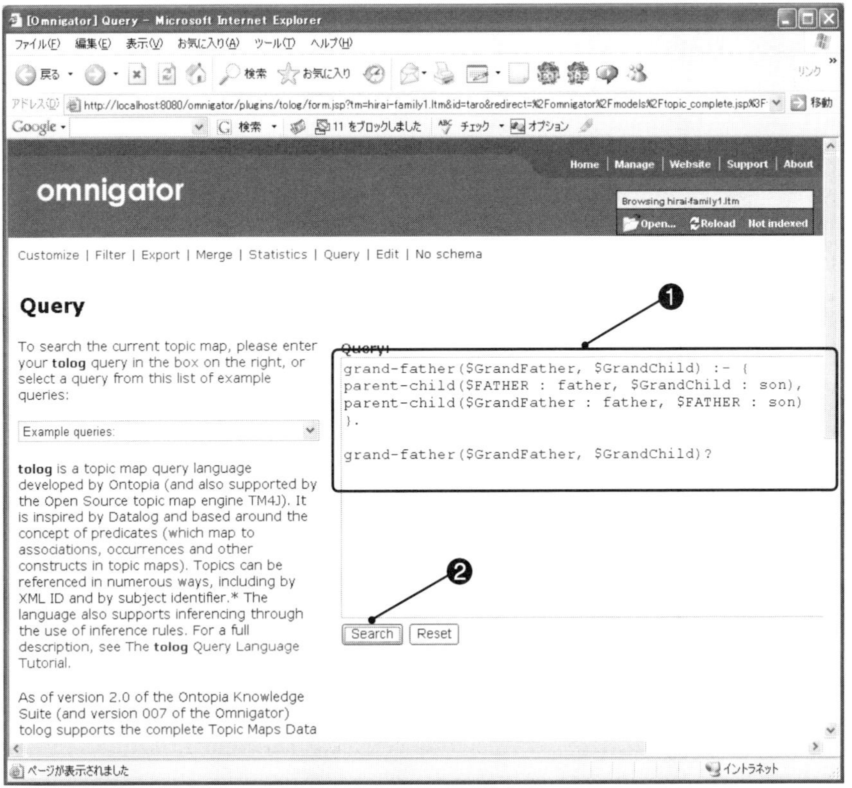

図1-24　検索式の入力

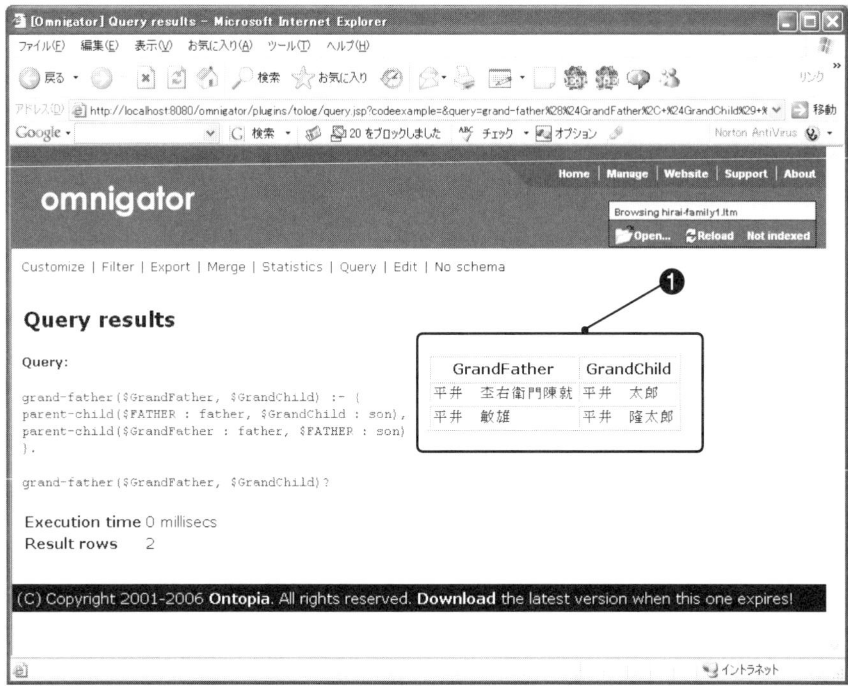

図1-25　検索結果

2章以降で，基本的な概念，データモデル，構文を含めて，詳細に解説する．

参考文献

[1] J. F. Sowa, Knowledge Representation: Logical, Philosophical, and Computational Foundations, Brooks/Cole. ISBN 0-534-94965-7.

[2] 岡田光弘，“哲学とAIにおける対象世界モデリング，第1回オントロジーの哲学的・論理学的背景”，人工知能学会誌，Vol.17, No.2, pp.224–231, March 2002. ISSN 0912-8085

[3] 溝口理一郎・池田満・來村徳信，“哲学とAIにおける対象世界モデリング，第7回対象モデリングの視点から見た知識表現”，人工知能学会誌，Vol.18, No.2, pp.183–192, March 2003.

[4] L. M. Garshol, “Metadata? Thesauri? Taxonomies? Topic Maps!: Making sense of it all”, http://www.ontopia.net/topicmaps/materials/tm-vs-thesauri. html

[5] 溝口理一郎，知の科学：オントロジー工学，人工知能学会（編），オーム社，2005. ISBN 4-274-20017-5

[6] Synchronized Multimedia Integration Language (SMIL) 1.0 Specification, W3C Recommendation, 1998–06.
[7] XML Path Language (XPath) Version 1.0, W3C Recommendation, 1999–11.
[8] M. Biezunski, Conventions for the Application of HyTime (cApH), IHC'94, 1994–07.
[9] M. Biezunski, The Electronic Library Project at EDF's DER, IHC'94, 1994–07.
[10] XML Topic Maps (XTM) 1.0, TopicMaps.Org, 2001–08.
[11] Processing Model for XTM 1.0, ver.1.0.2, Topicmaps.net, 2001–07.
[12] 将来型文書統合システム標準化調査研究委員会（AIDOS）報告書, 日本規格協会INSTAC, 2002–03.

第2章

データモデルと構文

2章では，まずトピックマップの基本的な概念について説明する．それに続いて，トピックマップ規格群の中心的な規格であり，トピックマップの抽象的なモデルを定義するトピックマップデータモデルについて説明する．その後に具体的なトピックマップの構文について説明する．

2.1　基本的な概念

トピックマップの中心的な概念は，本の索引の概念に基づいている．本の索引の概念をデジタル情報に対して適用できるように拡張し，汎用化したものである．まず，本の本体と索引のように，二層の構造（コンテンツの集合と知識マップからなる）を考える．そして，Steve Pepper に倣ってそれぞれを情報層，知識層と呼ぶことにする（図2-1）．

情報層は，デジタルコンテンツ（必ずしもデジタル化されてなくてもいいが）の集合

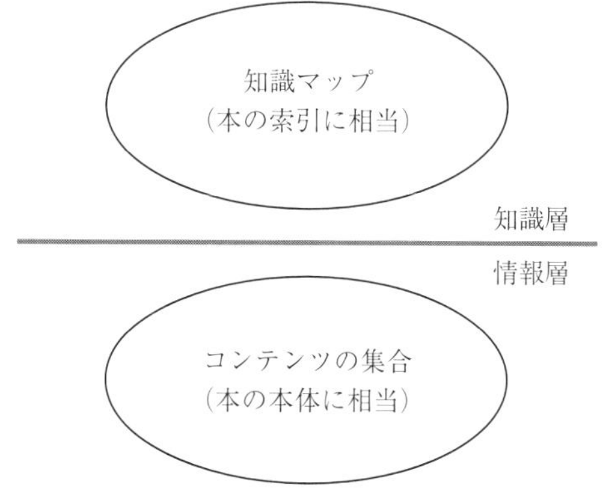

図2-1　二層構造モデル

である．デジタルコンテンツは，どんな形式，記法で表現されていてもいいし，グラフィック，ビデオ，オーディオなどどんな種類でもよい．

それに対して知識層は，トピック（Topic），関連（Association）および，出現（Occurrence）から構成される．トピックは，コンテンツに散りばめられている主題を表現する．関連は，主題間の関係を表現する．そして，主題とその主題に関係するコンテンツを結び付けるのが出現である．トピック，関連，そして，出現の三大要素を合わせて，トピックマップのTAO（中国道教の道，道理にかけてある）と呼ぶ．付録Bも参照のこと．

トピックマップのTAO（図2-2）を簡単に説明すると以下のようになる．

- トピック：Topic（人間が認識する，具体的または抽象的な主題/概念）
- 関連：Association（トピック間の関係）
- 出現：Occurrence（トピックに関連した情報リソースへのリンク）

以下，トピックマップのTAO，すなわち，トピック（T），関連（A），出現（O）を含めて，トピックマップの世界の基本的な概念について，1.3節で用いた“江戸川乱歩トピックマップ”（図2-3）を利用しながら説明する．

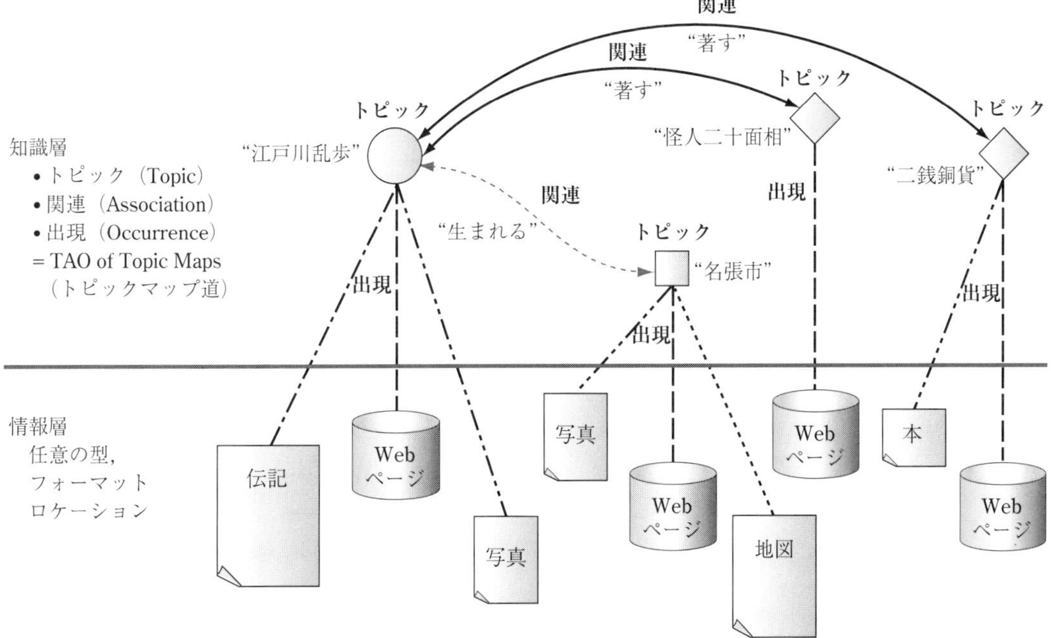

図2-2 トピックマップのTAO

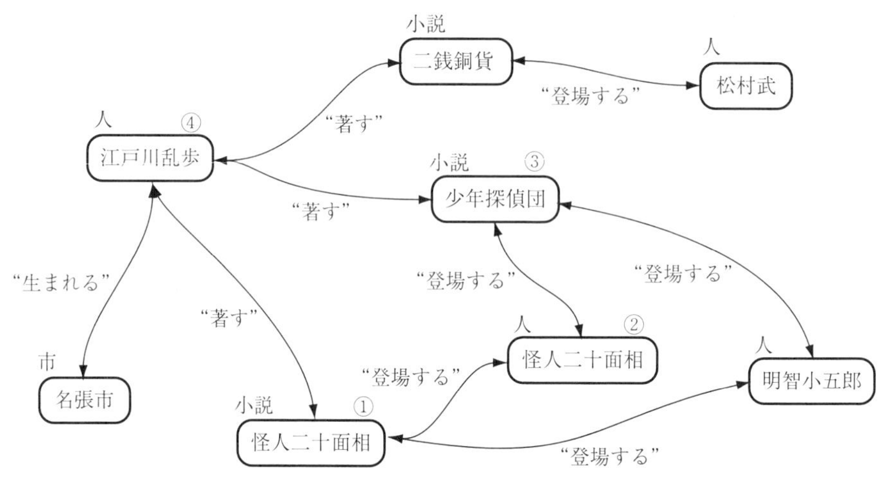

図2-3　江戸川乱歩トピックマップ

2.1.1　トピック

トピックは，主題をコンピュータ上でモデル化するためのものである．それぞれのトピックは，一つの主題を表す．トピックマップの目標は，すべての主題が対応する一つのトピックで表されることを保障することである．また，トピックは，ある主題についてのすべての結合点，集約点になる．それを，コロケーション（collocation）と呼んでいる．

トピックは型をもつ．例えばトピックの例として，江戸川乱歩，怪人二十面相，二銭銅貨を考えたとき，江戸川乱歩の型を"人"とすると，江戸川乱歩は，"人"型のインスタンスになる．また，怪人二十面相，二銭銅貨の型を"小説"とすると，怪人二十面相，二銭銅貨は，"小説"型のインスタンスになる．トピックマップでは，型もトピックである．この例の場合，"人"型も"小説"型もトピックとして表現する．

トピックは，複数の名前，トピック名をもちうる．トピック名は，基底名（base name）と異形名（variant name）から構成される．基底名には，主題の基本的，一般的な名前を付ける．異形名は，ある文脈において基底名より適切と思われる名前である．異形名として，例えば，ソート用の名前や表示用の名前が考えられる．

トピックは出現をもちうる．トピックはまた，参加する関連において役割を演じる．トピック名，出現，および，参加する関連において演じる役割の3種類をトピックの特質と呼ぶことがある．

2.1.2 トピックと主題およびその識別性

関連について説明する前に，トピックと主題の関係とその識別性について説明する．トピックは主題を表すことはすでに述べたが，参考までに，XTM 1.0では，主題を以下のように定義している．

> 「人間が語ったり心に抱いたりできるあらゆるもの．最も一般的な意味において，主題とは，存在しているかどうか，又は他の特定の特質をもっているかどうかにかかわらず，それについていかなる手段で表明してもよいあらゆるもののこととする．」

また，トピックについては，以下のように定義している．

> 「ある主題に対してプロキシとして振る舞う資源．すなわち，その主題のトピックマップシステムにおける表現．・・・」

すなわち，すべてのものが主題になりうる．したがってすべてのものをトピックとして表現できる．デジタル化された情報リソースはもちろんのこと，現実世界の人，もの，抽象的な概念さえもトピックとして表現できる．そこで，トピックが表している主題をどのように識別するかということが問題になる．

一般的にものを識別するときは，名前を使う．しかし，名前をものの識別に使うにはいくつかの問題がある．第一に，一つの主題に対して，複数の名前が存在しうるという問題である．つまり一人の人間（一つの主題）に対して，江戸川乱歩（筆名），平井太郎（本名）という異なる名前があるというシノニム（同義語）の問題である．第二に，一つの名前に対して，複数の人（複数の主題）が存在しうるという問題である．平井太郎という名前は，怪人二十面相を書いた作家の名前でもあるし，まったく別人の政治家の名前でもあるというホモニム（同音異義語）の問題である．さらに，一つの名前（言葉）がいくつもの意味をもつ多義性の問題もある．

その解決策として，トピックマップでは識別子を使う．識別子として利用可能なものに，以下の2種類がある．

- 主題ロケータ（subject locator）
- 主題指示子（subject indicator）と主題識別子（subject identifier）の組合せ

主題ロケータは，主題がコンピュータ上の情報リソースそのものの場合に利用できる．情報リソースは，ある場所に置かれ，したがって一意のアドレスをもちうる．そのため，そのアドレス（通常IRIまたはURIの形をとる）を主題の識別に利用することができる．

それに対して，大部分の主題，例えば，江戸川乱歩，明智小五郎，名張市などは，情報リソースそのものではない．これらは，コンピュータの外に存在し，コンピュータ上のアドレスを直接割り当てることができない．しかし，これらの主題は，主題について記述した情報リソースを介して間接的に指し示すことができる．江戸川乱歩に対して，江戸川乱歩について記述してある情報リソースのアドレス，例えばIRI "http://ja.wikipedia.org/wiki/江戸川乱歩" を識別子として利用することができる．このIRIを主題識別子という．主題識別子は，文字列であり，コンピュータが主題の識別に利用することができる．そして，江戸川乱歩について記述してあって，"http://ja.wikipedia.org/wiki/江戸川乱歩" というアドレスをもつ情報リソースを主題指示子という．主題指示子の内容は人にとって理解可能であり，人が主題を確認するのに利用できる．トピックマップでは，主題ロケータと，主題指示子，主題識別子によって，情報リソースそのものが主題の場合と，コンピュータの外のものが主題の場合とを区別して取り扱うことができる[1]．

2.1.3　公開主題指示子

同一組織内はもちろんのこと，異なる組織間，異なるアプリケーション間で，主題

PSI のイメージ（主題：いるか）
http://www.knowledge-synergy.com/PSI/dolphin

This is a publish subject indicator (PSI) conforming to the OASIS Published Subjects Standard

Subject：いるか（海豚）

PSID:
http://www.knowledge-synergy.com/PSI/dolphin

定義：
クジラ目の小型ハクジラ類の総称。一般に、体長4メートル以下の種類をさし、それ以上のものはクジラと呼ぶ。上下の顎（あご）に多数の歯をもち、多くは口の先がくちばしのようにとがり、イカ類や魚類を捕食する。世界中の海に広く分布し、淡水にすむ種類もある。

「動物界－脊索動物門－脊椎動物亜門－哺乳綱－獣亜目－真獣下綱－クジラ目」

図2-4　公開主題指示子（Published Subject Indicator：PSI）の例

を共有，再利用するために，ネットワーク上に永続的に公開された主題指示子を公開主題指示子（Published Subject Indicator：PSI）という．図2-4は，“いるか”についての公開主題指示子を示している．つまり，“いるか”について記述した情報リソース（主題指示子）に，アドレス“http://www.knowledge-synergy.com/PSI/dolphin”（主題識別子）を割り付けていることを表している．この主題指示子をネットワーク上において公開すれば，公開主題指示子になる．

利用者のいる場所，所属する組織，もっているバックグラウンドに関係なく，同じPSIを参照することにより，同じ主題を対象にしていることを明示することができる．PSIを使用することにより，別々に作成されたトピックマップの中に含まれている主題（トピック）が等しいか否かを判断することが可能になり．等しい主題を表現しているトピックどうしは統合することができる．

2.1.4 関　連

関連は，主題間の関係を表す．トピックと関連が，トピックマップでいうところのセマンティックネットワーク，または，知識マップを構成する．

関連も，型をもちうる．例えば，「江戸川乱歩が怪人二十面相を著した」という関連は，“著す”という関連型のインスタンスである．そして，関連の型もトピックである．トピックマップでは，必要などんな型の関連も定義可能である．すなわち，主題間のどんな関係も定義することができる．トピックマップでは，特に一般的な以下の2種類の関連だけは，規格の中で事前に定義している．

- supertype－subtype 関連
- type－instance 関連

supertype－subtype関連は，上位概念と下位概念の関係を表現するためのものであり，type－instance 関連は，型とそのインスタンスの関係を表現するためのものである．

関連は一つ以上のトピックを含む．関連に含まれるトピックは，二つである必要はない．トピック一つの関連は一般的ではないが存在する．トピック二つの関連は最も一般的であり，verb（subject, object）に対応する．トピック三つの関連もしばしばある．例えば，父親，母親，子供の関係である．トピック四つ以上の関連もまれに有効な場合がある．しかし，経験則からいうと，できるだけトピック二つの関連にしたほうが扱いは楽になる．

トピックマップの関連は，方向をもたない．方向の代わりに，関連の中でトピックはそれぞれの役割（role）をもつ．そして，その関連役割を果たすトピックを役割プレ

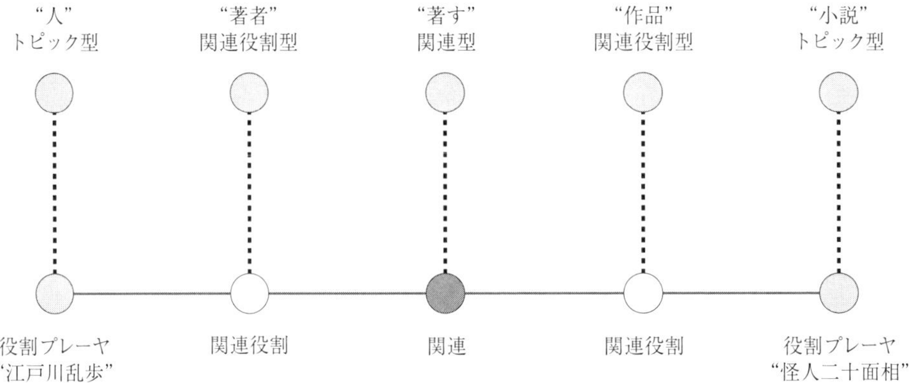

図2-5　関連，関連役割，役割プレーヤの関係

ーヤ（role player）という．関連役割も型をもちうる．そして，関連役割の型もトピックである．例えば，"江戸川乱歩が怪人二十面相を著した"という文は，同時に，"怪人二十面相は，江戸川乱歩によって著された"ことを意味する．そして，"著す"という関連において，江戸川乱歩は"著者"という関連役割のプレーヤであり，怪人二十面相は"作品"という関連役割のプレーヤである．関連，関連役割，役割プレーヤの関係を図2-5に示す．

ここで，注意点を一つ述べる．図2-5における"江戸川乱歩"トピックの型を"作家"としがちであるが，"作家"というのは，"著す"という関連における役割であって，"江戸川乱歩"という人のトピック型にすべきでない．つまり，徳川家康のトピック型を"将軍"とすべきでないのと同じである．なぜなら，生まれたときから将軍であったわけではないし，もし将軍を引退したら"将軍"という型のインスタンスでなくなってしまって，徳川家康が存在しえなくなってしまうからである．

2.1.5　出　　現

出現は情報リソースと主題間の関係を表す．出現は関連の特殊なケースである．情報リソースは，ドキュメント，DBの中の項目，HTMLファイル，静止画，動画，オーディオ，その他いろいろなものでありうる．

出現は，内部出現と，外部出現がある．外部出現は，ロケータ（通常，IRまたはURIの形式）によって参照され，知識層と情報層を結び付ける．内部出現は，プロパティまたは属性といった類のものを表現するのに利用され，トピックマップの中に記述される．

出現も型をもつことができる．例えば，江戸川乱歩のトピックにおいて，生年月日「1894年10月21日」を出現としてもつことができ，その出現の型を“生年月日”型とすることができる．出現の型もトピックである．必要などんな出現型も定義可能である．

2.1.6 トピックマップにおける型

トピックマップにおいては，以下の構成要素は型をもち，型自身もトピックで表現される．

- トピック
- トピック名
- 関連
- 関連役割
- 出現

各構成要素の型は，そのインスタンスをもつ．トピックマップは，オントロジに相当する型と，それらのインスタンスから構成される．物理的に型とインスタンスを別ファイルに分けることは可能であるが，その場合でも，論理的には，型とインスタンスが集まってトピックマップを構成する[1]．

2.1.7 有効範囲

トピックマップでは，以下の構成要素に有効範囲（scope）を設定することができる．

- トピック名
- 異形（variant）
- 出現
- 関連

有効範囲は，それらが，ある文脈においてのみ有効であることを示す．そして，文脈によるフィルタリングを可能にする．例えば，筆名という有効範囲を設定し，それでフィルタリングした場合は，“江戸川乱歩”が該当し，本名という有効範囲を設定し，それでフィルタリングした場合は，“平井太郎”が該当する．有効範囲を使用することにより，問題の対象領域をいろいろな文脈から見ることが可能になる．

有効範囲の指定に利用できるのは，トピック，主題指示子，情報リソースである．

[1] トピックの型と，そのインスタンスの関係は，type–instance 関連で表現される．

2.1.8 併　合

トピックマップは，すべての主題を対応する一つのトピックで表現するために，併合（マージ，merging）機能をもっている．併合時に同じ主題を表現しているトピックは，一つに統合される．主題の識別については，二つの基準がある．一つは，同一有効範囲内で同じトピック名をもつトピックは，同じ主題を表現しているとする基準と，もう一つは，同じ主題識別をもっているトピックは同じ主題を表現しているとする基準である．主題識別として指定できるものは，情報リソース，トピック，主題指示子である．名前を識別の基準にする方法は，名前のもつ曖昧性（同義語，同音異義語，多義性の問題）のため推奨されていない．

この併合機能を利用することにより，別々に作成されたトピックマップ間においても，同じ主題を表現するトピックを統合することができ，情報統合，組織横断的な情報共有，自発的な知識集約，分散知識管理，アプリケーション統合などが可能になる．

2.1.9 具体化

トピックマップの構成要素そのものを主題，すなわちトピックとして定義することを具体化（reification）といい，しばしば用いられる．

具体化することができるトピックマップ構成要素は，以下のとおりである．

- トピックマップ
- トピック名
- 異形
- 関連
- 関連役割
- 出現

トピックマップを具体化したトピックを作成し，そのトピックに作成者，作成日，説明などの出現を作成することが可能になる．すなわち，構成要素としてのトピックマップに属性をもたせることが可能になる．また，関連を具体化したトピックを作成し，そのトピックに出現を作成することにより，関連に属性をもたせることも可能になる．具体化の例を図2-6に示す．

以上，トピックマップについての基本的な概念について解説した．以降，基本的な概念を土台にして，2.2節でデータモデルについて，2.3節で構文について解説する．

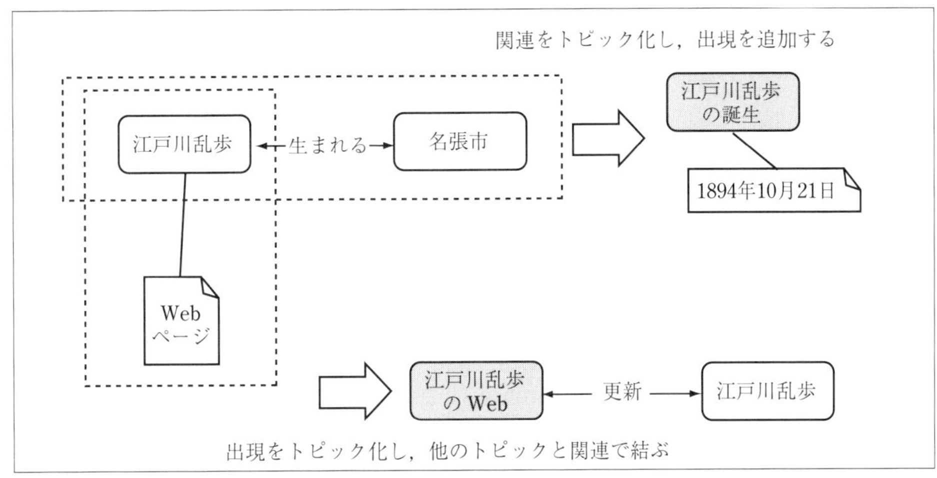

図2-6 具体化

2.2 データモデル

ISO/IEC 13250 part-2データモデル（TMDM）は，トピックマップの抽象的な構造，および，構文の解釈を定義する．また，トピックマップの併合規則，基本的な公開主題識別子も定義する．

データモデルの目的は，トピックマップの交換構文の解釈を定義することである．それにより，トピックマップの構文や処理環境に依存することなく，トピックマップがもつ情報を維持，共有，交換することが可能になる．さらに，トピックマップの正準化，問合せ言語，制約言語なども，データモデルに基づいて定義される．データモデルと他の規格との関係を図2-7に示す．

2.2.1 データモデルの構成

トピックマップを記述する場合は，XTM（XML Topic Map）やLTM（Linear Topic Map）などの構文にのっとって記述しファイルに格納する．トピックマップの構文については，2.3節で解説する．トピックマップを処理するためには，ファイルから，コンピュータ内のメモリにロードする必要がある．“データモデル（TMDM）”は，トピックマップをメモリ内にロードしたときの計算機内部での表現方法を定義するものである．構文にのっとって記述されたトピックマップをデータモデルのインスタンスに変換することを“De-Serialization”といい，データモデルのインスタンスを構文で記述

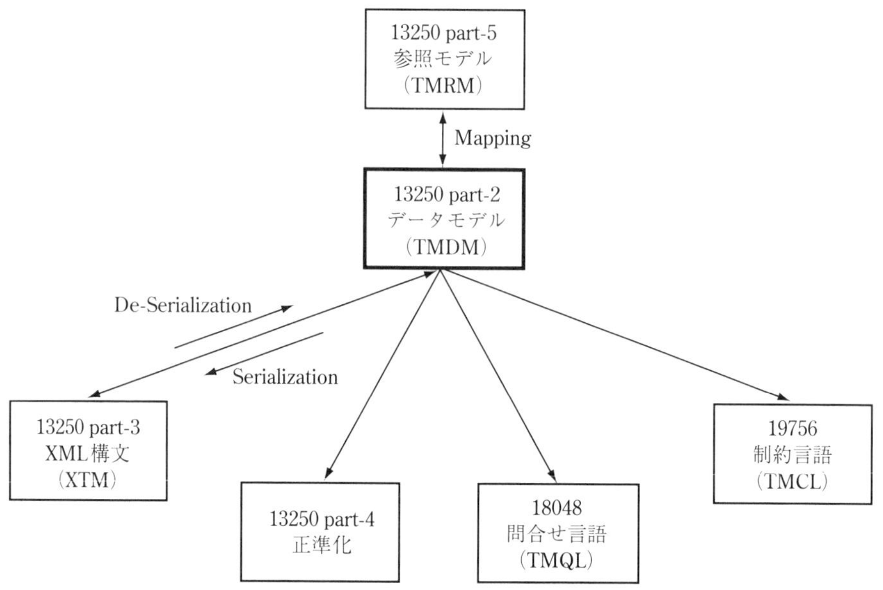

図2-7　データモデルと他の規格との関係

されたトピックマップに変換することを“直列化（Serialization）”という．

“データモデル”は，“XML情報集合（XML Infoset）”[2] で用いられている情報表現方法と同じ表現方法を使用している．“XML情報集合”は，XML文書に含まれている情報の集合を，以下の11種類の“情報項目（information item）”と，各々の“情報項目”がもつ複数の“名前付き特性（named property）”で表現する．

- 文書情報項目
- 要素情報項目
- 属性情報項目
- 処理命令情報項目
- 非展開実体参照情報項目
- 文字情報項目
- 注釈情報項目
- 文書型宣言情報項目
- 解析対象外実体情報項目
- 記法情報項目
- 名前空間情報項目

“データモデル” は，同じ情報表現方法を用いて，トピックマップに含まれている情報の集合を以下の7種類の “情報項目” と，18種類の “名前付き特性” で表現する．

（1） 情報項目

- トピックマップ情報項目
- トピック情報項目
- トピック名情報項目
- 異形情報項目
- 出現情報項目
- 関連情報項目
- 関連役割情報項目

（2） 名前付き特性

- associations
- datatype
- item identifiers
- occurrences
- parent
- player
- reified
- reifier
- roles
- roles played
- scope
- subject identifiers
- subject locators
- topic names
- topics
- type
- value
- variants

表2-1に，“データモデル” で定義させている “情報項目” と，“名前付き特性” の関係を示す．表は，“情報項目” が，○印の付いている “名前付き特性” をもつことを示

表2-1　データモデルで定義されている情報項目と名前付き特性

名前付き特性 ＼ 情報項目	トピックマップ topic map	トピック topic	トピック名 topic name	異形 variant	出現 occurrence	関連 association	関連役割 association role
associations	○						
datatype				○	○		
item identifiers	○	○	○	○	○	○	○
occurrences		○					
parent		○	○	○	○	○	○
player							○
reified		○					
reifier	○		○	○	○	○	○
roles						○	
roles played		○					
scope			○	○	○	○	
subject identifiers		○					
subject locators		○					
topic names		○					
topics	○						
type			○		○	○	○
value			○	○	○		
variants			○				

している．例えば，トピックマップ情報項目は，［associations］特性，［item identifiers］特性，［reifier］特性，および，［topics］特性をもつ．“名前付き特性”は，XML情報集合の記述方法に合わせて［ ］で囲むこととする．

“名前付き特性”のうち，各“情報項目”において共通の性質をもつものをまず説明する．各“情報項目”における個別の性質については，その都度，各情報項目のところで説明する．

（1） item identifiers特性

［item identifiers］特性は，情報項目を識別するための特性であり，すべての情報項目に付与される．

（2） parent特性

［parent］特性には，ある情報項目が属する情報項目（すなわち，ある情報項目から見て親の情報項目）が格納される．トピックマップ情報項目以外は，いずれかの情報項目に属する（すなわち，親をもつ）．

（3） reifier特性とreified特性

七つの情報項目のうち，トピックを除く六つの情報項目について具体化を行うことができる．具体化については，2.1.9項を参照のこと．すなわち，トピックマップ，トピック名，異形，出現，関連，関連役割を主題にしたトピックを作成すること（具体化）ができる．［reifier］特性には，具体化の結果として作成されるトピック情報項目が格納される．

［reifier］特性に対応して，［reified］特性には，具体化の対象となった情報項目が格納される．

（4） scope特性

［scope］特性には，設定された有効範囲が格納される．有効範囲は，トピック名，異形，出現，関連に設定することができる．有効範囲については，2.1.7項を参照のこと．

（5） type特性

［type］特性には，設定された型が格納される．トピック名，出現，関連，関連役割が型をもつことができる．型については，2.1.6項を参照のこと．トピックの型については，［type］特性ではなく，トピックとその型との間の関連（type－instance）として扱う．

データモデルでは，モデルがもちうるインスタンスについての複数の制約も定義している．制約の目的は，モデルのインスタンスが矛盾を含むことを防ぐことである．例えば，異なる情報項目が［item identifiers］特性として同じ文字列をもってはならないとか，すべてのトピック情報項目は，［subject identifiers］特性，［subject locators］特性，そして，［item identifiers］特性のうち，少なくともどれか一つのための値をもつ必要があるとかなどである．

図2-8にUML図で表現したトピックマップ構成物のクラス階層図を示す．この図では，実際の七つの情報項目に対応するクラスのほかに，二つの抽象クラスを使用している．一つは，継承を表現することによりUML図を簡単にするための“TopicMapConstruct”であり，もう一つは，具体化が可能な情報項目の共通のスーパクラス“Reifiable”である．以後の各情報項目の説明においても，UML図を使用する．

外部の情報リソースはトピックマップの一部ではないが，トピックマップは，ロケータを用いて外部の情報リソースを参照することができる．ロケータは，情報リソースを参照するロケータ記法に準拠した文字列である．このモデルの中のすべてのロケータは，RFC 3986 [3] とRFC 3987 [4] で定義された記法，すなわち，URI（Uniform Resource Identifier）またはIRIs（Internationalized Resource Identifiers）を使用する．

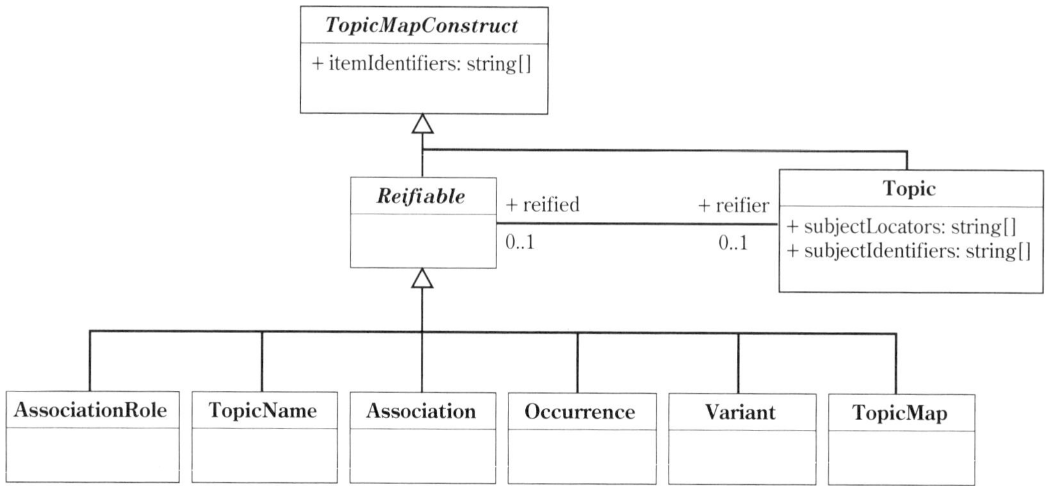

図2-8　トピックマップ構成物（情報項目）の関係図

名前付き特性がもちうる値は，他の情報項目，文字列，文字列か情報項目の集合，NULL，および，ロケータである．

2.2.2　各情報項目の説明

すでに述べたように，データモデルで表現されたトピックマップは，トピックマップ，トピック，トピック名，異形，出現，関連，そして，関連役割の情報項目から構成されている．以下，各情報項目を順次説明するとともに，他の情報項目との関係をUML図で記述する．

〔1〕トピックマップ情報項目

トピックマップ情報項目（topic map item）は，トピックマップを表す．すなわち，一つのトピックマップに対して，一つのトピックマップ情報項目が作成される．例えば，江戸川乱歩トピックマップに対して，対応するトピックマップ情報項目が一つ作成される．トピックマップ情報項目がもつ名前付き特性を表2-2に示す．

［topics］特性，［associations］特性には，それぞれトピックマップの中のトピック，および，関連が格納される．トピックマップ情報項目と他の情報項目との関係，および特性を図2-9に示す．

表2-2 トピックマップ情報項目がもつ名前付き特性

名前付き特性	説明
topics	トピック情報項目の集合．トピックマップの中のすべてのトピック．
associations	関連情報項目の集合．トピックマップの中のすべての関連．
reifier	トピック情報項目，または，NULL．もしNULLでない場合，トピックマップを具体化（reify）したトピック．
item identifiers	ロケータの集合．トピックマップの項目識別子．

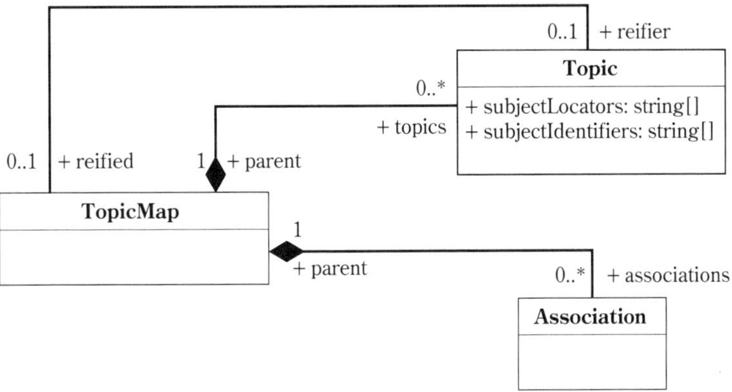

図2-9 トピックマップ情報項目

〔2〕 トピック情報項目

トピック情報項目（topic item）は，トピックを表す．すなわちトピックに対応して作成される．江戸川乱歩トピックマップの例では，怪人二十面相トピック，二銭銅貨トピックといったトピックごとに作成される．トピック情報項目がもつ名前付き特性を表2-3に示す．

［topic names］特性，［occurrences］特性には，それぞれトピックに割り当てられたトピック名，および，出現が格納される．［roles played］特性には，そのトピックが参加する関連において演じる役割が格納される．［subject identifiers］特性および［subject locators］特性には，それぞれ，主題識別子，主題ロケータが格納される．主題識別子および主題ロケータについては，2.1.2項を参照のこと．トピック情報項目と他の情報項目との関係，および特性を図2-10に示す．

表2-3　トピック情報項目がもつ名前付き特性

名前付き特性	説　明
topic names	トピック名情報項目の集合．トピックに割り当てられたトピック名の集合．
occurrences	出現情報項目の集合．トピックに割り当てられた出現の集合．
roles played	関連役割情報項目の集合．トピックによって演じられる関連役割の集合．
subject identifiers	ロケータの集合．トピックの主題指示子を参照するロケータ．
subject locators	ロケータの集合．トピックの主題である情報リソースを参照するロケータ．
reified	情報項目，または，NULL．もしNULLでない場合，トピックによって具体化されたトピックマップ構成物．
item identifiers	ロケータの集合．トピックの項目識別子．
parent	情報項目．トピックを含んでいるトピックマップ．

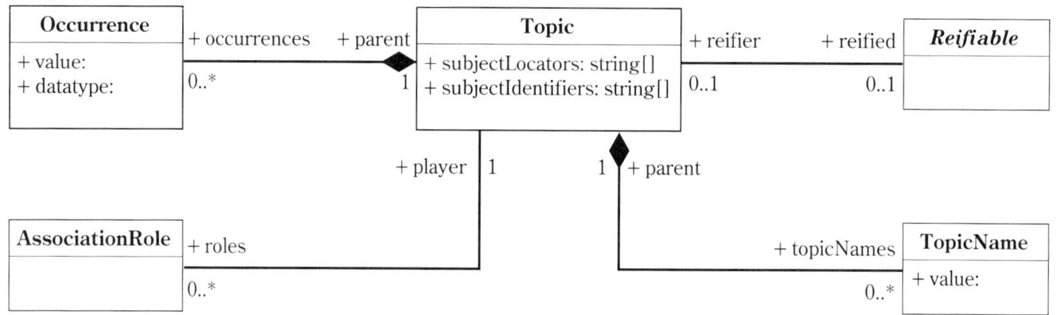

図2-10　トピック情報項目

〔3〕トピック名情報項目

トピック名情報項目（topic name item）は，トピック名を表す．すなわち，トピック名に対応して作成される．トピック名は，基本的な形である基底名と，ある文脈においてより適切な異形名からなる．トピックは複数のトピック名をもちうる．トピック名情報項目がもつ名前付き特性を表2-4に示す．

［value］特性には，基底名（文字列）が格納される．［variants］特性には，異形情報項目が格納される．トピック名，異形名については，2.1.1項を参照のこと．トピック名情報項目と他の情報項目との関係，および特性を図2-11に示す．

〔4〕異形情報項目

異形情報項目（variant item）は，異形名を表す．すなわち，異形名に対応して作成

表2-4 トピック名情報項目がもつ名前付き特性

名前付き特性	説 明
value	文字列．基底名，すなわち，トピック名の基本形．
type	トピック情報項目．トピック名の性質を定義しているトピック．
scope	トピック情報項目の集合．トピック名がトピックについての有効なラベルと考えられる文脈の有効範囲．
variants	異形情報項目の集合．トピック名の代替形としての異形名．
reifier	トピック情報項目，または，NULL．もしNULLでない場合は，トピック名を具体化するトピック．
item identifiers	ロケータの集合．トピック名の項目識別子．
parent	情報項目．トピック名が属するトピック．

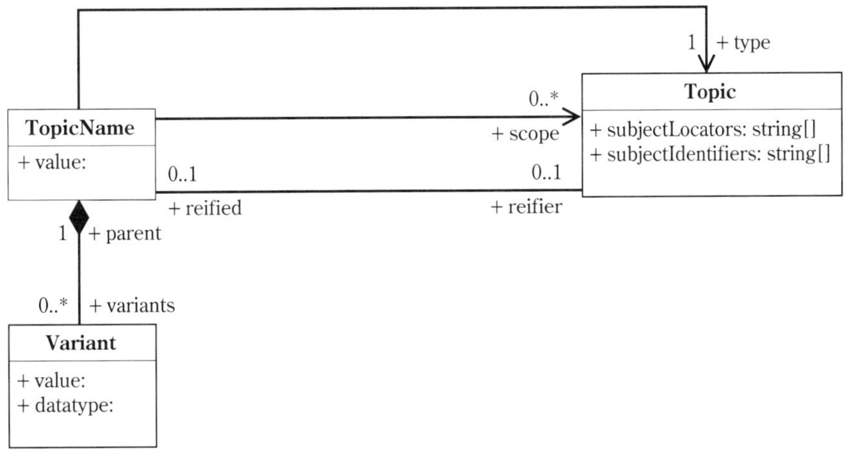

図2-11 トピック名情報項目

される．異形名は，ある文脈におけるトピック名のより適切な代替形である．異形名の有効範囲は，異形名が最も適切である文脈を示す．異形情報項目がもつ名前付き特性を表2-5に示す．

［value］特性には，異形名（文字列）が格納される．文字列として，通常の名前としての文字列の場合と，情報リソースのロケータの場合がある．［datatype］特性には，異形名の値のデータ型を識別するロケータが格納される．データ型は，XMLスキーマ part-2：データ型第2版 [5] で定義されているデータ型を用いる．異形情報項目と他の情報項目との関係，および特性を図2-12に示す．

表2-5　異形情報項目がもつ名前付き特性

名前付き特性	説　明
value	文字列．もし，データ型がIRIの場合，異形名としての情報リソースを参照するロケータ．それ以外の場合は，異形名としての文字列．
datatype	ロケータ．異形名の値のデータ型を識別するロケータ．
scope	トピック情報項目の空でない集合．トピックのラベルとして異形名が好ましい文脈の有効範囲．
reifier	トピック情報項目，または，NULL．もしNULLでない場合は，異形名を具体化するトピック．
item identifiers	ロケータの集合．異形名の項目識別子．
parent	情報項目．異形が属するトピック名．

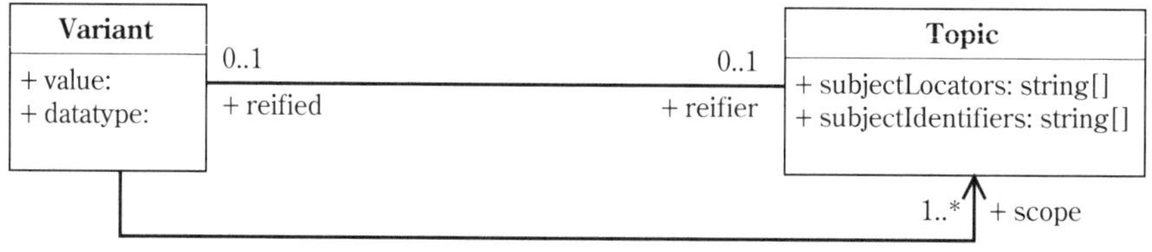

図2-12　異形情報項目

〔5〕出現情報項目

出現情報項目（occurrence item）は，出現を表す．すなわち，出現に対応して作成される．出現は，主題と情報リソースの関係を表現する．情報リソースは，トピックマップの内部の値，または，外部の情報リソースである．出現情報項目がもつ名前付き特性を表2-6に示す．

［value］特性には，出現（文字列）が格納される．文字列として，そのものが情報リソースの場合と，情報リソースのロケータの場合がある．［datatype］特性には，出現の値のデータ型を識別するロケータが格納される．データ型は，XMLスキーマ part-2：データ型第2版 [5] で定義されているデータ型を用いる．出現情報項目と他の情報項目との関係，および特性を図2-13に示す．

〔6〕関連情報項目

関連情報項目（association item）は，関連を表す．すなわち，関連に対応して作成される．江戸川乱歩トピックマップの例では，“著す”，“生まれる”などの関連のインスタンスごとに作成される．関連情報項目がもつ名前付き特性を表2-7に示す．

表2-6 出現情報項目がもつ名前付き特性

名前付き特性	説明
value	文字列．データ型がIRIの場合，出現が主題と結び付ける情報リソースを参照するロケータ．IRIでない場合，文字列は，情報リソースそのものである．
datatype	ロケータ．出現の値のデータ型を識別するロケータ．
scope	トピック情報項目の集合．出現関係が有効と考えられる文脈の有効範囲．
type	トピック情報項目．出現関係の性質を定義するトピック．
reifier	トピック情報項目，または，NULL．もしNULLでない場合は，出現を具体化するトピック．
item identifiers	ロケータの集合．出現の項目識別子．
parent	情報項目．出現が属するトピック．

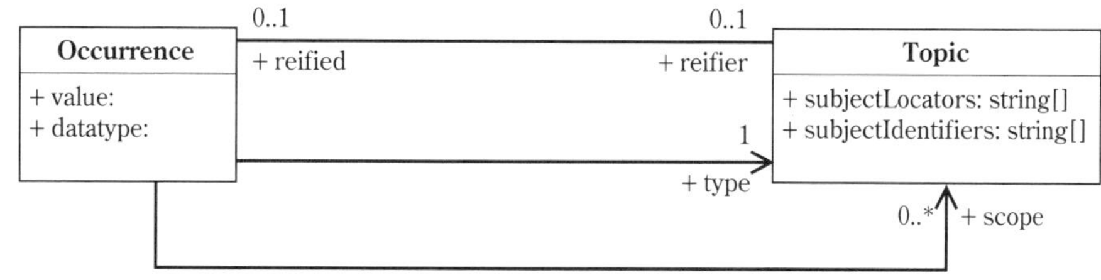

図2-13 出現情報項目

表2-7 関連情報項目がもつ名前付き特性

名前付き特性	説明
type	トピック情報項目．関連によって表された関係の性質を定義するトピック．
scope	トピック情報項目の集合．関連が有効と考えられる文脈の有効範囲．
roles	関連役割情報項目の空でない集合．関連に参加するすべてのトピックの関連役割．
reifier	トピック情報項目，または，NULL．もしNULLでない場合，関連を具体化するトピック．
item identifiers	ロケータの集合．関連の項目識別子．
parent	情報項目．関連を含むトピックマップ．

［roles］特性には，関連に参加するすべてのトピックの関連役割が格納される．関連情報項目と他の情報項目との関係，および特性を図2-14に示す．

〔7〕関連役割情報項目

関連役割情報項目（association role item）は，関連役割を表す．すなわち，関連役割

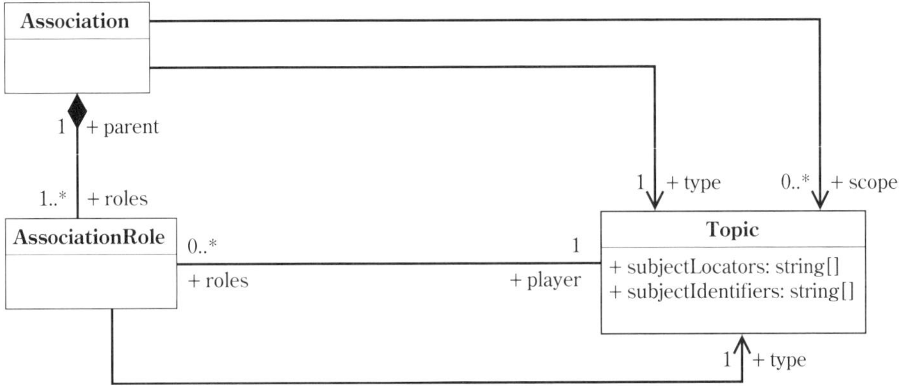

図2-14　関連情報項目

表2-8　関連役割情報項目がもつ名前付き特性

名前付き特性	説　明
player	トピック情報項目．関連において役割を演じるトピック．
type	トピック情報項目．関連における関連役割プレーヤのかかわり方の性質を表すトピック．
reifier	トピック情報項目，または，NULL．もしNULLでない場合，関連役割を具体化するトピック．
item identifiers	ロケータの集合．関連役割の項目識別子．
parent	情報項目．関連役割が属する関連．

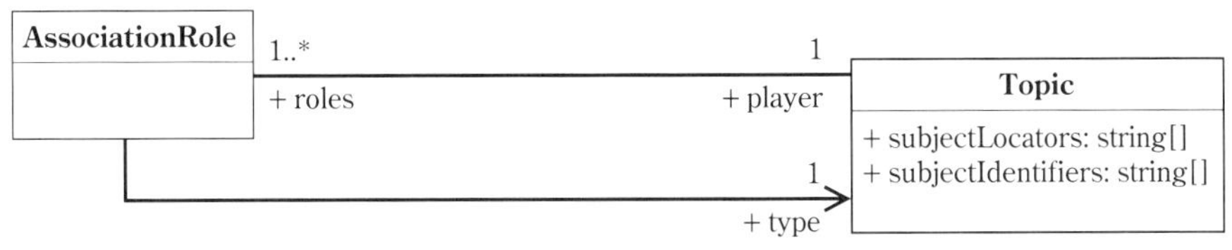

図2-15　関連役割情報項目

に対応して作成される．江戸川乱歩トピックマップの例では，“著者”，“作品”などの関連役割のインスタンスごとに作成される．関連においては，関連役割を演じるプレーヤが存在する．関連役割情報項目がもつ名前付き特性を表2-8に示す．

［player］特性には，関連役割を演じるプレーヤ（トピック）が格納される．関連役割情報項目と他の情報項目との関係，および特性を図2-15に示す．

2.2.3 併　　合

トピックマップの中心的な操作は，併合である．併合は，トピックマップの中の冗長なトピックマップ構成物を削除するための処理である．すなわち，等しいトピックマップ構成物は，併合され統合される．

データモデルでは，以下の情報項目の併合手順を定義している．

〔1〕 トピック情報項目の併合手順

二つのトピック情報項目AおよびB（トピックAとBは，同一のトピックマップに含まれているものとする）を併合するための手続きを以下に示す．もし，AとBの両方が［reified］特性にNULLでない値をもち，それらが異なる場合はエラーである．

① 新しいトピック情報項目Cを作成する．

② 情報項目の種類に関係なく，［topics］特性，［scope］特性，［type］特性，［player］特性，および，［reifier］特性に格納されているAをCに置き換える．

③ Bについても同じことをする．

④ Cの［topic names］特性に，AとBの［topic names］特性の値の和集合を設定する．

⑤ Cの［occurrences］特性に，AとBの［occurrences］特性の値の和集合を設定する．

⑥ Cの［subject identifiers］特性に，AとBの［subject identifiers］特性の値の和集合を設定する．

⑦ Cの［subject locators］特性に，AとBの［subject locators］特性の値の和集合を設定する．

⑧ Cの［item identifiers］特性に，AとBの［item identifiers］特性の値の和集合を設定する．

〔2〕 トピック名情報項目の併合手順

二つのトピック名情報項目AおよびBを併合するための手順を以下に示す．

① 新しいトピック名情報項目Cを作成する．

② Aの［value］特性の値をCの［value］特性に設定する．Bの［value］特性の値は，Aの［value］特性の値と同じであり，考慮する必要はない．

③ Aの［type］特性の値をCの［type］特性に設定する．Bの［type］特性の値は，Aの［type］特性の値と同じであり，考慮する必要はない．

④ Aの［scope］特性の値をCの［scope］特性に設定する．Bの［scope］特性の

値は，Aの［scope］特性の値と同じであり，考慮する必要はない．

⑤　Cの［variants］特性に，AとBの［variants］特性の和集合を設定する．

⑥　Aの［reifier］特性の値がnullでない場合は，Cの［reifier］特性に，Aの［reifier］特性の値を設定し，nullの場合は，Bの［reifier］特性の値を設定する．もしAもBもnullでない値をもつ場合は，［reifier］特性が示すトピック情報項目を併合する必要があり，併合されてできたトピック情報項目をCの［reifier］特性の値として設定する．

⑦　Cの［item identifiers］特性に，AとBの［item identifiers］特性の値の和集合を設定する．

⑧　［parent］特性の中のトピック情報項目の［topic names］特性から，AとBを除去し，Cを追加する．

〔3〕異形情報項目の併合手順

二つの異形情報項目AおよびBを併合するための手順を以下に示す．

①　新しい異形情報項目Cを作成する．

②　Aの［value］特性の値をCの［value］特性に設定する．Bの［value］特性の値は，Aの［value］特性の値と同じであり，考慮する必要はない．

③　Aの［datatype］特性の値をCの［datatype］特性に設定する．Bの［datatype］特性の値は，Aの［datatype］特性の値と同じであり，考慮する必要はない．

④　Aの［scope］特性の値をCの［scope］特性に設定する．Bの［scope］特性の値は，Aの［scope］特性の値と同じであり，考慮する必要はない．

⑤　Aの［reifier］特性の値がnullでない場合は，Cの［reifier］特性に，Aの［reifier］特性の値を設定し，nullの場合は，Bの［reifier］特性の値を設定する．もしAもBもnullでない値をもつ場合は，［reifier］特性が示すトピック情報項目を併合する必要があり，併合されてできたトピック情報項目をCの［reifier］特性の値として設定する．

⑥　Cの［item identifiers］特性に，AとBの［item identifiers］特性の値の和集合を設定する．

⑦　［parent］特性の中のトピック名情報項目の［variants］特性から，AとBを除去し，Cを追加する．

〔4〕出現情報項目の併合手順

二つの出現情報項目AおよびBを併合するための手順を以下に示す．

①　新しい出現情報項目Cを作成する．

② Aの［value］特性の値をCの［value］特性に設定する．Bの［value］特性の値は，Aの［value］特性の値と同じであり，考慮する必要はない．
③ Aの［datatype］特性の値をCの［datatype］特性に設定する．Bの［datatype］特性の値は，Aの［datatype］特性の値と同じであり，考慮する必要はない．
④ Aの［scope］特性の値をCの［scope］特性に設定する．Bの［scope］特性の値は，Aの［scope］特性の値と同じであり，考慮する必要はない．
⑤ Aの［type］特性の値をCの［type］特性に設定する．Bの［type］特性の値は，Aの［type］特性の値と同じであり，考慮する必要はない．
⑥ Aの［reifier］特性の値がnullでない場合は，Cの［reifier］特性に，Aの［reifier］特性の値を設定し，nullの場合は，Bの［reifier］特性の値を設定する．もしAもBもnullでない値をもつ場合は，［reifier］特性が示すトピック情報項目を併合する必要があり，併合されてできたトピック情報項目をCの［reifier］特性の値として設定する．
⑦ Cの［item identifiers］特性に，AとBの［item identifiers］特性の値の和集合を設定する．
⑧ ［parent］特性の中のトピック情報項目の［occurrences］特性から，AとBを除去し，Cを追加する．

〔5〕 関連情報項目の併合手順

二つの関連情報項目AおよびBを併合するための手順を以下に示す．
① 新しい関連情報項目Cを作成する．
② Aの［type］特性の値をCの［type］特性に設定する．Bの［type］特性の値は，Aの［type］特性の値と同じであり，考慮する必要はない．
③ Aの［scope］特性の値をCの［scope］特性に設定する．Bの［scope］特性の値は，Aの［scope］特性の値と同じであり，考慮する必要はない．
④ Aの［roles］特性の値をCの［roles］特性に設定する．Bの［roles］特性の値は，Aの［roles］特性の値と同じであり，考慮する必要はない．
⑤ Aの［reifier］特性の値がnullでない場合は，Cの［reifier］特性に，Aの［reifier］特性の値を設定し，nullの場合は，Bの［reifier］特性の値を設定する．もしAもBもnullでない値をもつ場合は，［reifier］特性が示すトピック情報項目を併合する必要があり，併合されてできたトピック情報項目をCの［reifier］特性の値として設定する．
⑥ Cの［item identifiers］特性に，AとBの［item identifiers］特性の値の和集合を設定する．

⑦ ［parent］特性の中のトピックマップ情報項目の［associations］特性から，AとBを除去し，Cを追加する．

〔6〕 関連役割情報項目の併合手順

二つの関連役割情報項目AおよびBを併合するための手順を以下に示す．

① 新しい関連役割情報項目Cを作成する．

② Aの［player］特性の値をCの［player］特性に設定する．Bの［player］特性の値は，Aの［player］特性の値と同じであり，考慮する必要はない．

③ Aの［type］特性の値をCの［type］特性に設定する．Bの［type］特性の値は，Aの［type］特性の値と同じであり，考慮する必要はない．

④ Cの［item identifiers］特性に，AとBの［item identifiers］特性の値の和集合を設定する．

⑤ Aの［reifier］特性の値がnullでない場合は，Cの［reifier］特性に，Aの［reifier］特性の値を設定し，nullの場合は，Bの［reifier］特性の値を設定する．もしAもBもnullでない値をもつ場合は，［reifier］特性が示すトピック情報項目を併合する必要があり，併合されてできたトピック情報項目をCの［reifier］特性の値として設定する．

⑥ ［parent］特性の中の関連情報項目の［roles］特性から，AとBを除去し，Cを追加する．

2.2.4　主題識別子

データモデルでは，トピックマップで中核となる主題についての主題識別子を定義している．

（1） 型–インスタンス関係（type-instance relationship）の主題識別子

項番	主　題	主題識別子
1	型–インスタンス（type-instance）	http://psi.topicmaps.org/iso13250/model/type-instance
2	型（type）	http://psi.topicmaps.org/iso13250/model/type
3	インスタンス（instance）	http://psi.topicmaps.org/iso13250/model/instance

（2） 上位型–下位型関係（supertype-subtype relationship）の主題識別子

項番	主　題	主題識別子
1	上位型–下位型（supertype-subtype）	http://psi.topicmaps.org/iso13250/model/supertype-subtype
2	上位型（supertype）	http://psi.topicmaps.org/iso13250/model/supertype
3	下位型（subtype）	http://psi.topicmaps.org/iso13250/model/subtype

（3） 整列名（sort names）の主題識別子

項番	主　題	主題識別子
1	整列名 (sort names)	http://psi.topicmaps.org/iso13250/model/sort

（4） デフォルト名型（default name type）の主題識別子

項番	主　題	主題識別子
1	デフォルト名型 (default name type)	http://psi.topicmaps.org/iso13250/model/name-type

（5） 用語の主題識別子

データモデルで定義している用語が表している主題のための主題識別子である．次ページの表にその一覧を示す（表の中のURIは，主題識別子であり，そのアドレスに解説ページが存在するわけではない）．

項番	主　題	主題識別子
1	関連（association）	http://psi.topicmaps.org/iso13250/glossary/association
2	関連役割（association role）	http://psi.topicmaps.org/iso13250/glossary/association-role
3	関連役割型（association role type）	http://psi.topicmaps.org/iso13250/glossary/association-role-type
4	関連型（association type）	http://psi.topicmaps.org/iso13250/glossary/association-type
5	情報リソース（information resource）	http://psi.topicmaps.org/iso13250/glossary/information-resource
6	項目識別子（item identifier）	http://psi.topicmaps.org/iso13250/glossary/item-identifier
7	ロケータ（locator）	http://psi.topicmaps.org/iso13250/glossary/locator
8	併合（merging）	http://psi.topicmaps.org/iso13250/glossary/merging
9	出現（occurrence）	http://psi.topicmaps.org/iso13250/glossary/occurrence
10	出現型（occurrence type）	http://psi.topicmaps.org/iso13250/glossary/occurrence-type
11	具体化（reification）	http://psi.topicmaps.org/iso13250/glossary/reification
12	有効範囲（scope）	http://psi.topicmaps.org/iso13250/glossary/scope
13	ステートメント（statement）	http://psi.topicmaps.org/iso13250/glossary/statement
14	主題（subject）	http://psi.topicmaps.org/iso13250/glossary/subject
15	主題識別子（subject identifier）	http://psi.topicmaps.org/iso13250/glossary/subject-identifier
16	主題指示子（subject indicator）	http://psi.topicmaps.org/iso13250/glossary/subject-indicator
17	主題ロケータ（subject locator）	http://psi.topicmaps.org/iso13250/glossary/subject-locator
18	トピック（topic）	http://psi.topicmaps.org/iso13250/glossary/topic
19	トピックマップ（topic map）	http://psi.topicmaps.org/iso13250/glossary/topic-map
20	トピックマップ構成物（topic map construct）	http://psi.topicmaps.org/iso13250/glossary/topic-map-construct
21	トピックマップ（Topic Maps）	http://psi.topicmaps.org/iso13250/glossary/Topic-Maps
22	トピック名（topic name）	http://psi.topicmaps.org/iso13250/glossary/topic-name
23	トピック名型（topic name type）	http://psi.topicmaps.org/iso13250/glossary/topic-name-type
24	トピック型（topic type）	http://psi.topicmaps.org/iso13250/glossary/topic-type
25	制約なしの有効範囲（unconstrained scope）	http://psi.topicmaps.org/iso13250/glossary/unconstrained-scope
26	異形名（variant name）	http://psi.topicmaps.org/iso13250/glossary/variant-name

以上，データモデルについて解説した．トピックマップの処理エンジンを実装する場合，このデータモデルにのっとっていれば，ISO標準準拠ということになる．興味のある方には，トピックマップ処理エンジンの実装に挑戦してみていただきたい．

2.3 構　文

トピックマップを表す方法には，グラフ表現による図示，XML構文などテキスト形式での記述，データベースのレコードとして表現するなどさまざまなものがある．特にテキスト形式による表現には，XTM，LTM，HyTM，AsTMaなど数多くの構文が存在する．このうち，本節ではISOの標準にもなっているXTMと，主要なツールで利用

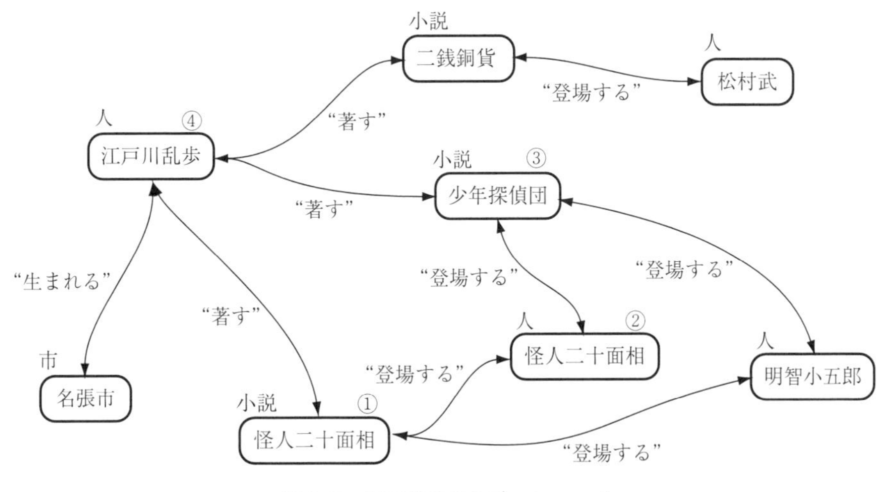

図2-16　江戸川乱歩トピックマップ

することができるLTMの二つの構文について解説する．

解説の例題としては図2-16に示す江戸川乱歩に関するトピックマップを用いることとする．

XTMもLTMも，テキストデータとして記述可能な記述形式である．もし読者がパソコンの前で本書を読まれるならば，手元にテキストエディタとOmnigatorなど，トピックマップを実際に扱うことができるソフトウェアを用意し，本章の例題をテキストエディタに入力しながら読み進め，自分であれこれと試されることをおすすめする．

2.3.1　XTMについて

XTMはTopicMaps.Orgにより2000年にXTM 1.0として標準化が行われた．その名の示すとおり，XML形式によりトピックマップを記述する構文である．この構文はISO/IEC 13250の一部としても規格化され，現在はバージョン2.0がISOの規格として策定中である．ここで，本節では特に断らない限りXTMについての解説はバージョン1.0を対象とする．なお，本節ではXMLの基礎的な説明については割愛するので，不明な点は適宜解説書やWebページを参照されたい．

XTMによりトピックマップを記述する場合，通常のXMLファイルと同じくXML宣言をファイルの先頭に記述する．ここでXTMファイルの文字コードを指定するが，以下の例ではUTF-8を用いることとする．XTMではその後に，<topicMap>タグを記述する．このタグの内側にトピックや関連，出現などトピックマップの要素を記述していく．

通常<topicMap>タグでは，XMLネームスペースの設定およびこのトピックマップ自身のidを指定する．本書の例では，XTMファイルの最初と最後に以下の記述がしてあるものとし，以下の記述例では省略する．

```
<?xml version="1.0" encoding="utf-8" standalone="yes"?>
<topicMap
  xmlns="http://www.topicmaps.org/xtm/1.0/"
  xmlns:xlink="http://www.w3.org/1999/xlink"
  id="tmbook_xtm">
  :
 中略
  :
</topicMap>
```

2.3.2　LTMについて

LTMは，Linear Topic Map Notationの略で，Ontopia社により開発された記述構文である．テキストエディタなどを用いて，トピックや関連，出現といった構成要素を平易に，素早く記述することを目標にしている．LTMは同社のトピックマップミドルウェアOntopia Knowledge Suite – OKS – でXTMと並び標準の記述形式として採用されているほか，オープンソースのトピックマップ処理系であるTM4Jでも採用されている．本節では，原稿執筆時点の最新バージョン1.3に基づき解説する．

LTMによりトピックマップを記述する場合，まずファイルの記述に用いる文字コードを指定する．ファイルの先頭に“@”（アットマーク）に続けて二重引用符で囲ったエンコード名を書く．このエンコード名には，XMLの場合と同じくIANAで制定されたエンコード名を用いることができる．本節ではXTMの場合に同じく，UTF-8を指定する．ファイルの先頭に次の一文を記述する．

```
@"utf-8" #VERSION "1.3"
```

さらに上の例では，VERSIONディレクティブを用いてこのトピックマップの記述に用いたLTMのバージョンを指定している．このディレクティブはバージョン1.3から追加された構文なので，バージョン1.2以前の形式で記述する場合は利用できない．

2.3.3 簡単なおさらい

実際にトピックマップの記述を行いながらXTMとLTM二つの構文について解説する前に，トピックマップについて，簡単におさらいをしておく．トピックマップの基本的な構成要素はTAOの名で知られる，トピック（T），関連（A），出現（O）の三つの要素である．トピックとは，ある概念を示す情報の単位で，トピックマップにおける最小の構成要素といえる．関連は，概念間の関係性を表すための情報である．通常，二つ以上のトピックの間の関係性を表す．出現は情報リソースの中でのある概念の出現を示すポインタ（外部出現），または概念のもつ属性値（内部出現）であるといえる．

本章で説明する構文は，こうしたトピックマップの構成要素をテキストデータとして書き表すためのものである．よって，各構成要素の特性を忠実に著しているので，それら特性を理解することは，構文の理解の早道にもなる．

2.3.4 トピックの書き方

まず，トピックの記述から見ていく．トピックはある概念を表すものだが，個々のトピックはトピックマップの中ではトピックIDにより識別される．XTMの場合，<topic>タグを用いてトピックを記述する．そのトピックIDは<topic>タグのid属性によって指定する．

```
<topic id="トピックid">
</topic>
```

例題に従い，「江戸川乱歩」トピックを記述してみる．トピックidを"rampo"とすると，トピックの最小の記述は次のようになる．

```
<topic id="rampo">
</topic>
```

id属性は省略可能だが，そうして記述したトピックは，処理系により任意のトピックIDが割り当てられる．

LTMの場合は，任意のトピックIDを“[ ]”（ブラケット）で囲み記述することで，トピックを定義できる．トピックIDに用いることのできる文字は，先頭が“ _ ”（アンダーバー）または英字で始まり，“.”（ピリオド），“-”（ハイフン），英数字からなる任意の文字列である．

```
[トピック id]
```

```
[rampo]
```

トピックは，型を表すトピックのIDを指定することにより，そのトピック自身の型を表すことができる．例えば，人“person”トピックを用意しておいた場合，rampoトピックがperson型であることを表すには，XTMでは，<instanceOf>タグと<topicRef>タグを用いてトピックの型を指定する．なお，<topicRef>タグはトピックマップの中で他のトピックを参照する場合に用いるので，この後の例でも頻出する．personトピックへの参照は，<topicRef>タグの属性としてXlinkのhref属性に指定したURIで表す．

```
<topic id="rampo">
  <instanceOf><topicRef xlink:href="#person"/></ instanceOf>
</topic>
```

同様のことをLTMで行う場合，トピックIDの後ろに“:”（コロン）と型を表すトピックのトピックIDを空白で区切り続ければよい．

```
[rampo : person]
```

これで，どちらの例でも「トピックrampoはperson型のトピックである」ということができた．

次に，トピックは0個以上の名前をもつことができる．XTMでは<baseName>タグと<baseNameString>タグを用いてトピックに名前を与える．

```
<topic id="rampo">
  <instanceOf><topicRef xlink:href="#person"/></ instanceOf>
  <baseName>
    <baseNameString>江戸川乱歩</baseNameString>
  </baseName>
</topic>
```

LTMの場合は，トピックIDまたはトピックの型を表すIDの後に“=”を置き，その後に二重引用符で囲った文字列を書くと基底名になる．

```
[rampo : person =     “江戸川乱歩” ]
```

LTM1.3以前のLTMの場合は，この基底名のほかに，ソートネーム，ディスプレイネームという名前を記述することができる．これには次の構文を用いる．

```
'[' topic-id = baseName ';' sortName ';' dispName ']'
```

```
[rampo : person =     "江戸川乱歩" ;
"えどがわらんぽ";
“江戸川　乱歩” ]
```

しかし，この構文は異形名の記述のショートカットに過ぎない．ソートネームは有効範囲がhttp://www.topicmaps.org/xtm/1.0/core.xtm#sortの異形名，ディスプレイネームは有効範囲がhttp://www.topicmaps.org/xtm/1.0/core.xtm#displayの異形名を記述したのと同じことを表す．

ここで，異形名について見ていく．異形名は，トピックがもつことのできる別名である．任意の数をもつことができるが，必ずその別名の意味付けをする情報を付記しなくてはならない．

XTMの場合，<variant>タグ，<variantName>タグを用いて記述するが，同時に<parameter>タグを用いてその別名を意味付けするトピックを指定する．

異形名を記述する場合，名前の文字列は<baseNameString>タグではなく，<resourceData>タグを用いて指定することに注意が必要である．

```
<topic id="rampo">
  <instanceOf><topicRef xlink:href="#person"/></instanceOf>
  <baseName>
    <baseNameString>江戸川乱歩</baseNameString>
  </baseName>
  <variant>
```

```
      <parameters>
        <topicRef xlink:href="#sort"/>
      </parameters>
      <variantName>
        <resourceData>えどがわらんぽ</resourceData>
      </variantName>
    </variant>
    <variant>
      <parameters>
        <topicRef xlink:href="#display"/>
      </parameters>
      <variantName>
        <resourceData>江戸川　乱歩</resourceData>
      </varinatName>
    </variant>
  </topic>
```

LTM 1.3ではXTMと同様に異形名を用いることができるので，先の例は次のように書き換えることができる．

```
[rampo : person =     "江戸川乱歩"
("えどがわらんぽ" / sort)
("江戸川　乱歩" / display)]
```

このとき，“(”と“)”で囲まれたものが異形名であり，異形名の文字列自体は二重引用符（“ ”）で表す．その後に続く“/”（スラッシュ）とトピックidは，その異形名の種別を表す有効範囲である．

2.3.5　出現の書き方

次に出現の記述方法を見る．出現には内部出現と外部出現の2種類がある．内部出現は数値や文字列リテラルなど，トピックマップの中に直接記述されるデータのことである．これに対し外部出現は，URIで示されるトピックマップの外部に存在する情報リソースを指す．トピックについて記述されたWebページなどがこれに相当する．

「江戸川乱歩」トピックを例に，内部出現としてメールアドレス（e-mail）文字列を，外部出現としてWebサイトのURL（web-site）の二つの出現をもつ場合を示す．

〔1〕 XTMで出現を記述する

XTMで内部出現を記述する場合，<occurrence>タグおよび<resourceData>タグを用いる．<occurrence>タグではその出現の種別を表すトピックへの参照を<topicRef>タグを用いて記述する．

```
<occurrence>
  <instanceOf><topicRef xlink:href="出現型"/></instanceOf>
  <resourceData>出現値</resourceData>
</occurrence>
```

「江戸川乱歩」トピックのメールアドレスを内部出現として記述する場合，次のようになる．

```
<occurrence>
  <instanceOf><topicRef xlink:href="#e-mail"/></instanceOf>
  <resourceData>rampo@edogawa.jp</resourceData>
</occurrence>
```

これに対し外部出現の場合は<resourceRef>タグを用い，そのリソースへのURIを指定する．

```
<occurrence>
  <instanceOf><topicRef xlink:href="出現型"/></instanceOf>
  <resourceRef xlink:href="出現値（URI）"/>
</occurrence>
```

同じくWebサイトのURIを出現として記述すると次のようになる．

```
<occurrence>
  <instanceOf><topicRef xlink:href="#web-site"/></instanceOf>
  <resourceRef xlink:href="http://www.edogawa.jp/~rampo/"/>
</occurrence>
```

これら二つの出現をトピックに指定するには，<topic>タグで囲まれた間にこれらの記述を追加すればよい．次のようになる．

```
<topic id="rampo">
  <instanceOf><topicRef xlink:href="#person"/></instanceOf>
  <baseName>
    <baseNameString>江戸川乱歩</baseNameString>
  </baseName>

  <occurrence>
    <instanceOf><topicRef xlink:href="#e-mail"/></ instanceOf>
    <resourceData>rampo@edogawa.jp</resourceData>
  </occurrence>

  <occurrence>
    <instanceOf><topicRef
xlink:href="#web-site"/></instanceOf>
    <resourceRef xlink:href="http://www.edogawa.jp/~rampo/"/>
  </occurrence>
</topic>
```

〔2〕LTMで出現を記述する

同様に，LTMでは出現を記述する場合，トピックIDと中括弧“{”，“}”を用いて記述する．トピックidにはその出現をもつトピックのidを指定すればよい．内部出現と外部出現の違いは，値を囲む括弧の形状で表す．

出現が文字列リテラルなど内部出現の場合は，“[[ ]]”を用いて記述する．出現がURIで表される外部出現の場合，そのURIを二重引用符で囲って記述する．

```
/* 内部出現 */
{トピックid, 出現型, [[出現値]]}

/* 外部出現 */
{トピックid, 出現型, "出現値"}
```

「江戸川乱歩」トピックがメールアドレスとWebサイトのURL二つの出現をもつ場合の記述は次のようになる．

```
[rampo : person =     "江戸川乱歩"
("えどがわらんぽ" / sort)
("江戸川　乱歩" / display)]

{rampo, e-mail, [[rampo@edogawa.jp]]}

{rampo, web-site, "http://www.edogawa.jp/~rampo/"}
```

出現も基底名と同じく有効範囲をもつことができる．閉じ括弧の後に，“/”（スラッシュ）とトピックIDを空白文字で区切り続ければよい．

```
{rampo, web-site, "http://www.edogawa.jp/~rampo/"} / japanese
```

2.3.6　関連の書き方

次に，関連を記述する方法を見ていく．例題のトピックマップにおける“wrote”という関連を考えることとする．

〔1〕XTMで関連を記述する

例題のトピックマップにあるように，「江戸川乱歩が「二銭銅貨」を“著した”」ことを表すには，まず関連の種別を表すトピック「著す」を記述し，次に「江戸川乱歩」トピックと「二銭銅貨」トピックをその関連によって結び付ける．

```
<topic id="wrote">
  <baseName>
    <baseNameString>著す</baseNameString>
  </baseName>
</topic>

<association>
  <instanceOf><topicRef xlink:href="#wrote"/></instanceOf>
  <member>
    <topicRef xlink:href="#rampo"/>
  </member>
  <member>
    <topicRef xlink:href="#novel-nisendouka"/>
```

```
  </member>
</association>
```

この例では関連づけられるトピックは二つなので，この関連は二項関係である．関連はN項関係を記述することができるので，その場合は<member>タグを追加し，関連づけるトピックを増やせばよい．

例では，関連によって関連づけられる「江戸川乱歩」トピック，「二銭銅貨」トピックは，その関係性の中で各々の役割（ロール）をもっている．これを表すには<roleSpec>タグを用いればよい．「江戸川乱歩」「と「二銭銅貨」を各々著者（author）と作品（work）の役割をもつものとすると，先の例は次のようになる．

```
<topic id="wrote">
  <baseName>
    <baseNameString>著す</baseNameString>
  </baseName>
</topic>

<association>
  <instanceOf><topicRef xlink:href="#wrote"/></instanceOf>
  <member>
    <roleSpec><topicRef xlink:href="#author"/></roleSpec>
    <topicRef xlink:href="#rampo"/>
  </member>
  <member>
    <roleSpec><topicRef xlink:href="#work"/></roleSpec>
    <topicRef xlink:href="#novel-nisendouka"/>
  </member>
</association>
```

〔2〕LTMで関連を記述する

同じ関連をLTMで記述するには，次の形式を用いればよい．

```
topic-id '(' topic-id ',' topic-id ')'
```

例題の「江戸川乱歩が「二銭銅貨」を“著した”」ことを表すには，まず関連の種別を表すトピック「著す」を記述し，次に「江戸川乱歩」トピックと「二銭銅貨」トピックをその関連によって結び付ける．

```
[wrote = "著す"]
wrote(rampo, novel-nisendouka)
```

XTMの場合と同様に，関連の各メンバに役割を表すトピックIDを付け加えることができる．

```
wrote(rampo : author, novel-nisendouka : work)
```

先の例のように役割の型を表すトピックIDを省略した場合，そのトピックの型がデフォルトで役割の型として用いられる．もしトピックが複数の型をもつ場合，それらの中のいずれかが役割の型としてランダムに選ばれる．

関連も出現と同様に有効範囲をもつことができる．関連の閉じ括弧に続けて，"/"（スラッシュ）とトピックIDを空白文字で区切って指定すればよい．

```
wrote(rampo : author, novel-nisendouka : work) / japanese
```

2.3.7　有効範囲について

ここまでに，トピックマップにおける主要な要素であるトピック，出現，関連の記述について見てきた．トピックマップではこれらの要素に対し有効範囲を設定することができる．具体的な例を図2-17を用いて説明する．

〔1〕トピック名の有効範囲

トピックは複数のトピック名をもつことができる．「江戸川乱歩」トピックが以下のように複数のトピック名をもつものとする．そしてこれらのトピック名はさまざまな有効範囲をもつものとする．

- 江戸川乱歩　　デフォルトの名前（制約なしの有効範囲）
- えどがわらんぽ　　平仮名表記

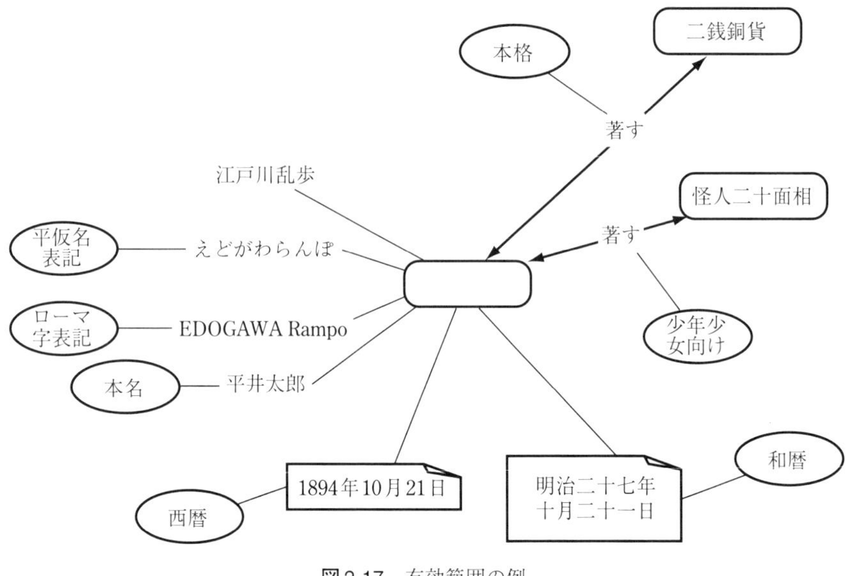

図2-17　有効範囲の例

- EDOGAWA Rampo　　ローマ字表記
- 平井太郎　　本名

これをLTMにより記述すると以下のようになる．

```
[hiragana = "平仮名表記"]
[roman = "ローマ字表記"]
[real-name = "本名"]

[rampo : person =     "江戸川乱歩"
            = "えどがわらんぽ" / hiragana
            = "EDOGAWA Rampo" / roman
            = "平井太郎" / real-name]
```

〔2〕 出現の有効範囲

出現にも有効範囲を設定することができる．図の例では，「江戸川乱歩」トピックに西暦と和暦，二つの形式で出現を追加するものとする．このとき，西暦，和暦を有効範囲によって設定する．

```
[en = "西暦"]
[ja = "和暦"]

[rampo : person =     "江戸川乱歩"]
{rampo, date-of-birth, [[1894年10月21日]]} / en
{rampo, date-of-birth, [[明治二十七年十月二十一日]]} / ja
```

〔3〕関連の有効範囲

関連にも有効範囲を設定することができる．図の例では，「江戸川乱歩」トピックと作品を関連づける際，本格（成人向け）作品と少年少女向け作品を区別する情報を関連の有効範囲として設定する．

```
[adult = "本格（成人向け）"]
[juvnile = "少年少女向け"]

wrote(rampo : author, novel-nisendouka : work) / adult
wrote(rampo : author, shounen-tanteidan : work) / juvnile
```

2.3.8 具体化について

トピックマップを記述していて，関連や出現をトピックのように扱いたい場合がある．例えば，例題の「江戸川乱歩」トピックに関して，「江戸川乱歩は名張で生まれた」という関連も記述してある．これに対し，「江戸川乱歩が名張で生まれたのは1894年10月21日である」と言いたい場合，具体化（reification）の機能を用いる．

〔1〕関連の具体化

具体化はまずトピックとして扱いたい関連の記述にトピックIDを付加する．先の例では「江戸川乱歩は名張で生まれた」という関連に，rampo-bornというトピックIDを与えることとする．それには，関連記述の末尾に，“~”（チルダ）とトピックIDを空白文字で区切って続ければよい．

```
born-in(rampo : person, nabari : place) ~ rampo-born
```

これにより目的の関連をrampo-bornというトピックとして扱う準備ができた．このトピックは通常のトピックと同様に，出現を追加したり，関連の記述に用いたりすることができる．生年を出現として記述すると次のようになる．

```
born-in(rampo : person, nabari : place) ~ rampo-born

{rampo-born, date-of-birth, [[1894/10/21]]}
```

以上により，「江戸川乱歩が名張で生まれたのは1894年10月21日である」という記述ができた．

同様の記述をXTMで行う場合，まず<association>タグに固有のid属性を追加する．

```
<association id="assoc-rmpo-born">
  <instanceOf>
    <topicRef xlink:href="#born-in"></topicRef>
  </instanceOf>
  <member>
    <roleSpec><topicRef xlink:href="#place"/></roleSpec>
    <topicRef xlink:href="#nabari"></topicRef>
  </member>
  <member>
    <roleSpec><topicRef xlink:href="#person"/></roleSpec>
    <topicRef xlink:href="#rampo"></topicRef>
  </member>
</association>
```

次にそのidのURIを主題識別性とした<topic>要素を記述し，そのトピックに出現として生年に関する情報を記述すればよい．

```
<topic id="rampo-born">
  <subjectIdentity>
    <subjectIndicatorRef xlink:href="#assoc-rmpo-born" />
  </subjectIdentity>
  <occurrence>
    <instanceOf>
      <topicRef xlink:href="#date-of-birth"></topicRef>
    </instanceOf>
    <resourceData>1894/10/21</resourceData>
  </occurrence>
</topic>
```

〔2〕 出現の具体化

具体化は関連だけではなく，出現にも用いることができる.「江戸川乱歩」トピックのもつWebページの出現が,「江戸川乱歩」自身によって更新されたことを具体化を使って表す.

関連の具体化と同じく，まず具体化する対象となる出現に独立したトピックIDを割り当てる．その後は通常のトピックと同じく，他のトピックと関連により関係づけることができる.

```
{rampo, web-site, "http://www.edogawa.jp/~rampo/"} ~ rampo-web
[last-modified-by = "更新者"]
last-modified-by(rampo-web : web-site, rampo : person)
```

関連の例と同じく，出現の具体化もXTMにより記述できる．まず対象となる出現に一意なid属性を設定する.

```
<topic id="rampo">
  <occurrence id="occ-rampo-web">
    <instanceOf>
      <topicRef xlink:href="#web-site"></topicRef>
    </instanceOf>
    <resourceRef xlink:href="http://www.edogawa.jp/~rampo/"/>
  </occurrence>
</topic>
```

次に，そのidを主題識別性とするトピックを記述し，さらにそのトピックを“last-modified-by”関連のメンバとして用いればよい.

```
<topic id="rampo">
  <occurrence id="occ-rampo-web">
    <instanceOf>
      <topicRef xlink:href="#web-site"></topicRef>
    </instanceOf>
    <resourceRef xlink:href="http://www.edogawa.jp/~rampo/"/>
  </occurrence>
</topic>
```

```
<topic id="rampo-web">
  <subjectIdentity>
    <subjectIndicatorRef xlink:href="#occ-rampo-web"/>
  </subjectIdentity>
</topic>

<topic id="last-modified-by">
</topic>

<association>
  <instanceOf>
    <topicRef xlink:href="#last-modified-by"></topicRef>
  </instanceOf>
  <member>
    <roleSpec><topicRef xlink:href="#person"/></roleSpec>
    <topicRef xlink:href="#rampo"></topicRef>
  </member>
  <member>
    <roleSpec><topicRef xlink:href="#web-site"/></roleSpec>
    <topicRef xlink:href="#rampo-web"></topicRef>
  </member>
</association>
```

以上の具体化の例を図で表すと，図2-18のようになる．

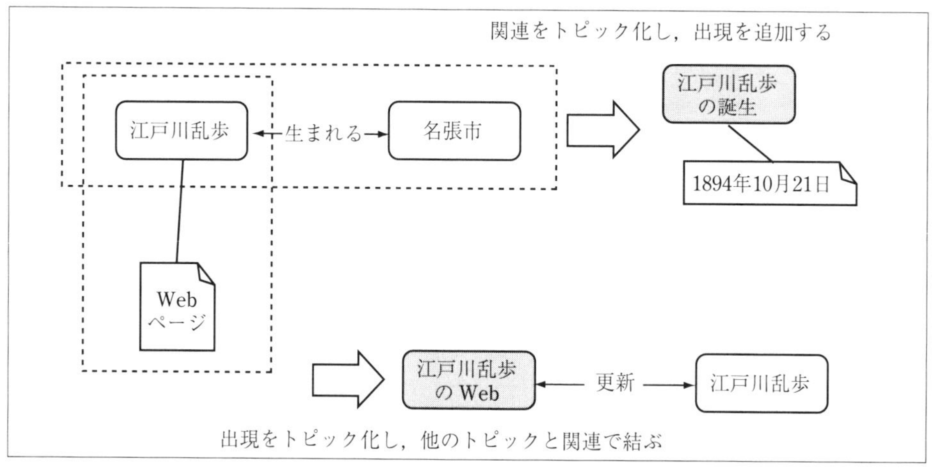

図2-18　具体化の例

2.3.9　その他の特記事項

以上解説してきた二つの構文のうち，LTM1.3ではXTM 1.0と比較して以下の事項に対応していない．

- URIによって参照される外部資源の異形名を記述することはできない
- 型をもたない出現，関連および関連役割を記述することはできない
- プレーヤを特定しない関連を記述することはできない
- MERGEMAPディレクティブを用いてマージした場合，マージされたトピックマップのトピックに有効範囲を付けることができない

2.3.10　構造定義

この項では，XTMとLTM各々の構造定義について述べる．XTMはDTDを用いて定義されており，LTMはEBNFを用いて定義されている．

〔1〕 XTMの要素

XTMでは，その構造の定義として，表2-9に示す要素が定められている．

〔2〕 各要素の説明

以下各要素について解説していく．

表2-9　XTMの要素

No.	要素	No.	要素
1	association	11	roleSpec
2	baseName	12	scope
3	baseNameString	13	subjectIdentity
4	instanceOf	14	subjectIndicatorRef
5	member	15	topic
6	mergeMap	16	topicMap
7	occurrence	17	topicRef
8	parameters	18	variant
9	resourceData	19	variantName
10	resourceRef		

（1） <topicMap> 要素

- ルート要素

```
<!element topicMap ( topic | association | mergeMap )*>
```

<topic>

➡各々の<topic>要素は，主題（subject）を表現する．

<association>

➡各々の<association>要素は，トピック間の関係を表現する．

<mergeMap>

➡各々の<mergeMap>要素は，マージされるべきトピックマップを指定する．

（2） <topic> 要素

- 主題（subject）のコンピュータ上での表現，モデル
- トピックは以下の特質（characteristics）をもつ
  名前（name），出現（occurrence），他のトピックとの関連（association）

```
<!ELEMENT topic ( instanceOf*, subjectIdentity?, (baseName |
occurrence )* )>
```

<instanceOf>

➡トピックの型（型もトピック）を指定する．

<subjectIdentity>

➡トピックの主題識別を指定する．以下の3種類の識別子がある．

・トピック

・情報リソース

・主題指示子

<baseName>

➡トピックの名前を記述する．

<occurrence>

➡トピックに関する情報リソースを指定する．

（3） <instanceOf> 要素

- トピックの型を指定（タイプ-インスタンス関連の簡略記述）

```
<!ELEMENT  instanceOf  ( topicRef  |  subjectIndicatorRef )>
```

<topicRef>

➡型（クラス）になるトピックを指定する．

```
<!ELEMENT  topicRef  EMPTY >
<!ATTLIST   topicRef   id           ID           #IMPLIED
                        xlink:type      NMTOKEN   #FIXED 'simple'
                       xlink:href      CDATA      #REQUIRED  >
```

<subjectIndicatorRef>

➡型（クラス）になる主題指示子を指定する．

```
<!ELEMENT  subjectIndicatorRef    EMPTY >
<!ATTLIST  subjectIndicatorRef   id    ID            #IMPLIED
                        xlink:type      NMTOKEN   #FIXED 'simple'
                       xlink:href      CDATA      #REQUIRED  >
```

（4） <subjectIdentity> 要素

- トピックの主題識別を指定する．複数トピックの結合点になる

```
<!ELEMENT   subjectIdentity   ( resourceRef?,   ( topicRef   |
subjectIndicatorRef )* )>
```

<resourceRef>

➡トピックが表す主題そのものの情報リソースがトピックの主題の場合に指定する．

```
<!ELEMENT  resourceRef  EMPTY >
<!ATTLIST   resourceRef   id     ID                #IMPLIED
                        xlink:type   NMTOKEN  #FIXED 'simple'
                       xlink:href   CDATA        #REQUIRED  >
```

<topicRef>

➡同じ主題を表すトピックが存在する場合に指定する．

<subjectIndicatorRef>

➡主題指示子（情報リソース）を指定する．

（5）<baseName> 要素

- トピックの名前を指定

```
<!ELEMENT  baseName  ( scope?, baseNameString, variant* ) >
```

<scope>

➡名前の有効範囲を指定する．

<baseNameString>

➡名前を構成する文字列を指定する．

```
<!ELEMENT  baseNameString  ( #PCDATA ) >
```

<variant>

➡異形名（別名）を指定する．

（6）<scope> 要素

- 名前，出現，関連の有効範囲（領域）を指定する

```
<!ELEMENT scope ( topicRef  | resourceRef | subjectIndicatorRef )
+ >
```

<topicRef>

➡ scopeを表すトピックを指定する．

<resourceRef>

➡ scopeを表す情報リソースを指定する．

<subjectIndicatorRef>

➡ scopeを表す主題指示子を指定する．

(7) <variant> 要素

- 異形名（別名）を指定する
- 名前は，複数ある場合がある．例えば，表示用の名前，ソート用の名前など

```
<!ELEMENT  variant  ( parameters, variantName?, variant* ) >
```

<parameters>

➡ 異形名が関係する処理コンテキストを指定する．例えば，表示用，ソートなど．

<variantName>

➡ 異形名を指定する．ファイルの参照，文字列が指定される．

<variant>

➡ Variant 要素は，再帰的に指定可能．

(8) <parameters> 要素

- 異形名（別名）が関係する処理コンテキストを指定する

```
<!ELEMENT parameters  ( topicRef | subjectIndicatorRef )+ >
```

<topicRef>

➡ 異形名が適用される処理コンテキストを表すトピックを指定する．

<subjectIndicatorRef>

➡ 異形名が適用される処理コンテキストを表す主題指示子を指定する．

(9) <variantName> 要素

- 異形名（別名）を指定する．ファイルの参照，文字列が指定される

```
<!ELEMENT  variantName  ( resourceRef | resourceData ) >
```

<resourceRef>

➡ 異形名として使用される情報リソースを指定する．

<resourceData>

➡ 異形名として使用されるデータ（文字列）を指定する．

```
<!ELEMENT resourceData ( #PCDATA ) >
```

(10) <occurrence> 要素

- トピックに関する情報リソースを指定する

```
<!ELEMENT occurrence ( instanceOf?, scope?, ( resourceRef |
resourceData ) )
```

<instanceOf>

➡出現（occurrence）の型を指定する．

<scope>

➡出現の有効範囲を指定する．

<resourceRef>

➡出現としての情報リソースを指定する．外部出現と呼ぶ．

<resourceData>

➡出現としてのデータ（文字列）を指定する．内部出現と呼ぶ．

(11) <association> 要素

- トピック間の関係を表現する
- 関連のメンバはトピックであり，その関連の中で役割（role）をもつ

```
<!ELEMENT association ( instanceOf?, scope?, member+ )
```

<instanceOf>

➡関連の型を指定する．

<scope>

➡関連の有効範囲を指定する．

<member>

➡関連のメンバ（トピック）を指定する．

(12) <member> 要素

- 関連のメンバを指定する

```
<!ELEMENT member ( roleSpec?, ( topicRef | resourceRef |
subjectIndicatorRef )* ) >
```

<roleSpec>

➡関連の中でメンバがもつ役割を指定する.

<topicRef>

➡役割を演じるトピックを指定する.

<resourceRef>

➡役割を演じる情報リソースを指定する.

<subjectIndicatorRef>

➡役割を演じる主題指示子を指定する.

(13) <roleSpec> 要素

- 関連の中でメンバがもつ役割（Role）を指定する

```
<!ELEMENT roleSpec ( topicRef | subjectIndicatorRef ) >
```

<topicRef>

➡関連のメンバがもつ役割を主題にもつトピックを指定する.

<subjectIndicatorRef>

➡関連のメンバがもつ役割を主題にもつ主題指示子を指定する.

(14) <mergeMap> 要素

- マージされるべきトピックマップを指定する

```
<!ELEMENT mergeMap ( topicRef | resourceRef |
subjectIndicatorRef )* >
```

<topicRef>

➡マージされるべきトピックを指定する.

<resourceRef>

➡マージされるべきトピックのうち，情報リソースによって指し示される主題を表すトピックを指定する.

<subjectIndicatorRef>

➡マージされるべきトピックのうち，主題指示子によって指し示される主題を表すトピックを指定する．

〔3〕LTMの形式定義

```
topic-map  ::= encoding? version? directive* (topic | assoc |
               occur) *

encoding   ::= '@' STRING

directive  ::= topicmapid | mergemap | baseuri | include |
               prefix

topicmapid ::= '#' 'TOPICMAP' WS (NAME | reify-id)

mergemap   ::= '#' 'MERGEMAP' WS uri (WS STRING)?

baseuri    ::= '#' 'BASEURI' WS uri

include    ::= '#' 'INCLUDE' WS uri

version    ::= '#' 'VERSION' WS STRING

prefix     ::= '#' 'PREFIX' WS NAME WS ('@' | '%') STRING

topic      ::= '[' qname (WS ':' qname+)? (topname)* subject?
               indicator* ']'

subject    ::= '%' uri

indicator  ::= '@' uri

topname    ::= '=' basename ((';' sortname) |
                            (';' sortname? ';' dispname))?
                  scope? reify-id? variant*

scope      ::= '/' qname+

basename   ::= STRING

sortname   ::= STRING
```

```
dispname   ::= STRING

variant    ::= '(' STRING scope reify-id? ')'

assoc      ::= qname '(' assoc-role (',' assoc-role)*  ')'
               scope? reify-id?

assoc-role ::= (topic | qname) WS (':' qname )? reify-id?

occur      ::= '{' occ-topic ',' occ-type ',' resource '}'
               scope? reify-id?

resource   ::= uri | DATA

occ-topic  ::= qname

occ-type   ::= qname

uri        ::= STRING

qname      ::= NAME ':' NAME | NAME

reify-id   ::= '~' WS? NAME
```

構文素型の定義は以下のとおりである．この定義には，Perl言語で用いられる正規表現のスタイルを用いている．

```
NAME       = [A-Za-z_][-A-Za-z_0-9.]*

COMMENT    = /\*([^*]|\*[^/])*\*/

STRING     = "[^"]*"

DATA       = \[\[(([^\])+\))*|\))\]

WS         = [\r\n\t ]+
```

2.3.11　まとめ

本章ではXTM，LTMという二つの標準的なトピックマップの記述形式の概要を述べた．トピックマップを表す複数の構文が存在することは混乱を招くかもしれないが，どちらも現在広く普及していることに変わりはない．各々のより詳細な解説は参考文献に挙げた各構文の仕様に譲るとして，読者は各自興味をもつテーマのトピックマップを，理解しやすい構文を用い作成されることをおすすめする．構文の違いは処理系やツールが吸収してくれるので，記述形式に腐心することはない．

参考文献

[1] S. Pepper and S. Schwab, “Curing the Web's Identity Crisis - Subject Indicators for RDF”, http://www.ontopia.net/topicmaps/materials/identitycrisis.html
[2] XML Information Set (Second Edition), World Wide Web Consortium, 4 February 2004, http://www.w3.org/TR/2004/REC-xml-infoset-20040204/
[3] RFC 3986, Uniform Resource Identifiers (URI): Generic Syntax, Internet Standards Track Specification, January 2005, http://www.ietf.org/rfc/rfc3986.txt
[4] RFC 3987, Internationalized Resource Identifiers (IRIs), Internet Standards Track Specification, January 2005, http://www.ietf.org/rfc/rfc3987.txt
[5] XML Schema-2, XML Schema Part 2: Datatypes Second Edition, W3C Recommendation, 28 October 2004, http://www.w3.org/TR/2004/REC-xmlschema-2-20041028/
[6] XML Topic Maps (XTM) 1.0, TopicMaps.Org Specification, http://www.topicmaps.org/xtm/index.html
[7] 日本工業規格 JIS X 4157:2002 (ISO/IEC 13250:2000), SGML応用 − トピックマップ, http://www.y-adagio.com/public/standards/jis_tmap/toc.htm
[8] 標準情報(TR)　TR X 0057:2002, XMLトピックマップ(XTM) 1.0, http://www.y-adagio.com/public/standards/tr_xtm/xtm-main.htm
[9] The Linear Topic Map Notation, Definition and introduction, version 1.3, http://www.ontopia.net/download/ltm.html

第 3 章

関連規定

2章では，トピックマップの基本的な概念，トピックマップの中心的な規格であるデータモデル（TMDM），および，構文について説明した．引き続き3章では，トピックマップ関連規格の中で，委員会ドラフトとしてドキュメントが公開させている，ISO/IEC 13250 part-4正準化，part-5参照モデル，ISO/IEC 18048トピックマップ問合せ言語（TMQL），および，ISO/IEC 19756トピックマップ制約言語（TMCL）について説明する．

3.1 正 準 化

トピックマップは知識を表現できる抽象的なデータ構造を定義している．このトピックマップはその文法を用いたファイル，データベース内のエンティティ，プログラム中のデータ，ひいては人の頭の中での心的な表現とさまざまな形式で表すことができる．

正準化（canonicalization）とは，こうしたトピックマップのデータ構造を，定められた順序に従い直列化する処理のことである．定められた順序に従い直列化された二つの異なるデータ構造を比較し，その結果が等しいならば，それらは同一の内容を表しているといえる．つまり，正準化により二つのデータ構造を比較し，同一のものであるかどうか判断することができるようになる．

ISO/IEC 13250 part-4では，こうした目的から，トピックマップのデータ構造におけるあらゆる情報集合のソート順序と，XML情報集合への変換規則を規定している．トピックマップを構成するデータモデルの詳細については，2.2節を参照されたい．

3.1.1 ソート順序

まずトピックマップを構成する情報項目のソート順序について見ていく．トピックマップにおけるすべての情報項目は，正規のソート順序をもっている．これにより，異なる二つのトピックマップを正準化する際，各々を構成する情報項目が直列化される順序が保証される．まず，TMDMによって規定されるすべての情報項目は以下の順にソートされる．

1. NULL
2. トピックマップ情報項目
3. トピック情報項目
4. トピック名情報項目
5. 異形名情報項目
6. 出現情報項目
7. 関連情報項目
8. 関連役割情報項目
9. 文字列
10. 集合

さらに，これら各々の情報項目ごとに正規の比較順序[1]が定められている．

〔1〕 文字列の比較

文字列の比較は，その先頭から末尾に向かって1文字単位に行われる．より小さい文字コードの文字を含む文字列の方が優先される．もしすべての文字の文字コードが同一の場合，二つの文字列は同値とみなされる．

なお，TMDMにおける文字列はUnicode正規化形式C（Normalization Form C：NFC）[2]により正規化された文字列であることが要求されている．

〔2〕 集合の比較

集合の比較は次の順に行われる．

1. 要素数の少ない集合がもう一方よりも小さいとみなされる．
2. 要素数が同じ場合，まず各々の要素を正準化ソート順に従いソートする．次に，順に二つの集合の同じ位置の要素を比較し，異なる要素が出現するまで続ける，より小さい要素をもつ集合が一方よりも小さいとみなされる．

---

[1] ソートとは二つの情報を比較反映することで実現される．

[2] http://www.unicode.org/unicode/reports/tr15/
Unicodeには文字列の正規化形式としてC，D，KC，KDの4種があり，Topic MapsではC形式の正規化を扱う．

表3-1 名前付き特性の比較順序

		情報項目					
		トピック	トピック名	異形	出現	関連	関連役割
比較順序	1	subject identifiers特性	value特性	value特性	value特性	type特性	player特性
	2	subject locators特性	type特性	resource特性*	resource特性	roles特性	type特性
	3	source locators特性**	scope特性	scope特性	type特性	scope特性	parent特性
	4		parent特性	parent特性	scope特性		
	5				parent特性		

* 原稿執筆時点のTMDMでは定義されていない名前付き特性である．

** 原稿執筆時点のTMDMでは定義されていない名前付き特性である．

3. 完全に同じ要素をもつ二つの集合は同値であるとみなされる．

〔3〕その他の情報項目の比較

文字列と集合以外の情報項目の比較は，各々の情報項目がもつ名前付き特性に基づいて行われる．各情報項目における名前付き特性の比較順序を表3-1に示す．

以上の比較順序に従い，トピックマップ内のすべての情報項目およびその名前付き特性はソートされる．これにより，二つの異なるトピックマップを比較しようとする場合，その要素となるトピックや出現，関連といった各情報の並び順が保証され，適切な比較を行うことができるようになる．

〔4〕変換規則

次にトピックマップのデータモデル中の各情報項目を，XML情報集合に直列化するために規定された変換規則を見ていく．この過程を経て，CXTM[3]文書情報項目をルート要素としてもつXML情報集合が作成される．トピックマップデータモデルは変換規則の前提として，文字列属性はすべてUnicode正規化形式Cに正規化されている必要がある．また，データ構造中のリスト項目については，順序付きでXML情報集合に変換されるが，このときの序数は1から始まるものとする．

〔5〕要素情報項目におけるデフォルトの名前付き特性値

正準化の過程を経て作成されるすべての要素情報項目は，以下の値の名前付き特性をもたなければならない．

[3] Canonical XML Topic Mapsの略と思われる．

名前付き特性	デフォルトの値
[namespace name]	なし
[prefix]	なし
[namespace attributes]	空集合
[in-scope namespaces]	空集合
[base URI]	なし
[parent]	当該要素情報項目が直接の子となっている親要素情報項目または文書情報項目

〔6〕 属性情報項目におけるデフォルトの名前付き特性値

正準化の過程を経て作成されるすべての属性情報項目は，以下の値の名前付き特性をもたなければならない．

名前付き特性	デフォルトの値
[namespace name]	なし
[prefix]	なし
[attribute type]	不明
[references]	不明
[specified]	真偽値の真
[owner element]	この属性情報が属する要素情報項目

〔7〕 CXTM文書情報項目

トピックマップデータモデルの正準化過程において生成されるXML情報集合には，ただ一つのCXTM文書情報項目が存在する．この文書情報項目は，以下の名前付き特性をもたなければならない．

名前付き特性	デフォルトの値
[children]	トピックマップデータモデルインスタンスのトピックマップ情報項目の表象のみを含んだリスト
[document element]	トピックマップデータモデルインスタンスのトピックマップ情報項目を表す要素情報項目
[notations]	空集合
[unparsed entities]	空集合
[base URI]	値なし

名前付き特性	デフォルトの値
[standalone]	値なし
[version]	値なし
[all declarations processed]	真偽値の偽

これらに続き標準策定作業では，各情報項目ごとの変換手順が細かく定められようとしている．本章では，参考までにトピック情報項目の変換手順を挙げておく．トピック情報項目は，XML情報集合の中では要素情報項目として表現される．その情報項目は，以下の手順に従い変換された名前付き特性をもつ．

1. 文字列“topic”を値としてもつ［local name］特性
2. 以下の順に並んだ要素情報項目のリストをもつ［children］特性
   (1) トピック情報項目の［subject identifiers］特性が空集合ではない場合，以下の名前付き特性をもつ要素情報項目
      1 文字列“subjectIdentifiers”を値としてもつ［local name］特性
      2 正規の順にソートされた［subject identifiers］特性のロケータ情報項目[4]の表象を値とする［children］特性
      3 空リストの［attributes］特性
   (2) トピック情報項目の［subject locators］特性が空集合ではない場合，以下の名前付き特性をもつ要素情報項目
      1 文字列“subjectLocators”を値としてもつ［local name］特性
      2 正規の順にソートされた［subject locators］特性のロケータ情報項目[4]の表象を値とする［children］特性
      3 空リストの［attributes］特性
   (3) トピック情報項目の［source locators］特性が空集合ではない場合，［source locators］特性の表象
   (4) 正規の順にソートされた，個々のトピック名情報項目の［topic names］特性の表象
   (5) 正規の順にソートされた，個々の出現情報項目の［occurrences］特性の表象
   (6) 正規の順にソートされた［role played］特性に対する個々の関連役割情報項目に対し，以下の名前付き特性をもつ要素情報項目
      1 文字列“rolePlayed”を値としてもつ［local name］特性

[4] 原稿執筆時点のTMDMではロケータ情報項目は定義されていない．

2　空リストの［children］特性
3　以下の属性情報項目を含むリストをもつ［attributes］特性
1. 文字列“ref”を値としてもつ［local name］特性
2. 以下の連結操作により作成される文字列を表現する一連の文字情報項目を値としてもつ［normalized value］特性
(1)　文字列“association”
(2)　親トピックマップ情報項目の［associations］特性における，正規の順にソートされた関連役割情報項目の［parent］特性の値としての関連情報項目の位置
(3)　文字列“role”
(4)　正規の順にソートされた，親関連情報項目の［roles］特性における関連役割情報項目の位置

3. ［reified］特性の値がNULLではない場合は［reified］特性の表象を，そうでない場合は空リストを値とする［attributes］特性

3.1.2　まとめ

本章では，トピックマップを正しい順序で，比較可能な形式に変換するための規則（正準化）について述べた．原稿執筆時点ではまだ検討段階であり，今後の整備が待たれる．正準化は，異なる二つのトピックマップを比較する上で必要な技術である．この技術はトピックマップを構成する情報のソート順序と，XML情報集合への変換規則からなる．さらに，これらはUniform Resource Identifier（URI）［RFC 2396］やCanonical XML Version 1.0［XML-C14N］といった他の技術の上に成り立っている．本技術のより詳細を学ぶ場合は，これら基本となる技術も併せて参照されたい．

3.2　参照モデル

ISO/IEC 13250 part-5参照モデルTMRMは，データモデル（TMDM）より抽象的なモデルであり，トピックマップを含め，オントロジ，タクソノミ，語彙，スキーマ，その他における多様な主題の識別方法に適用可能な共通の形式モデルを提供することにより，それらのマッピングを可能にすることを目指している．

参照モデルは，Processing Model for XTM 1.0（日本語翻訳版は，TR X 0090:2003 XTM 1.0のための処理モデル）をもとにして，2002年5月のバルセロナ会議で，グラフモデルとして新しい参照モデルの提案がなされた．その後，モデルについて継続的に

検討されている．2006年4月の時点では，トピックマップ，オントロジ，タクソノミ，語彙，スキーマなどを，主題代用品（subject proxy）の集合とするモデルが考えられている．本節では，まず，提案当初に考えられていたトピックマップのグラフモデルについて説明する．続いて，現在，検討が進められている集合のモデルについて説明する．

3.2.1 グラフモデル

参照モデルは，当初，抽象的なグラフモデルとして検討されていた．すべてのトピックマップは，グラフであり，参照モデルの中では，トピックマップは，“表明(assertion)”の集合とみなされる．各々の“表明”は，特定の主題間に，強く型付けされた関係が存在することを表している．主題は，“表明”の中では，“役割プレーヤ(role player)”になる．つまり，主題は，その関係の中で特定の役割をもつ．

ドラフト参照モデルは，以下の二つの表明（assertion）型を定義している．

- topic-subjectIndicator（主題は，主題指示子（subject indicator）をもつという宣言をするために利用する表明型）
- assertionPattern-role-rolePlayerConstraints（表明パターン，役割，および役割プレーヤの関係を宣言するために利用する表明型）

表明の集合（すなわちトピックマップ）は，以下の4種類のアークと5種類のノードからなるグラフとしてモデル化されている．図3-1にその関係を示す．

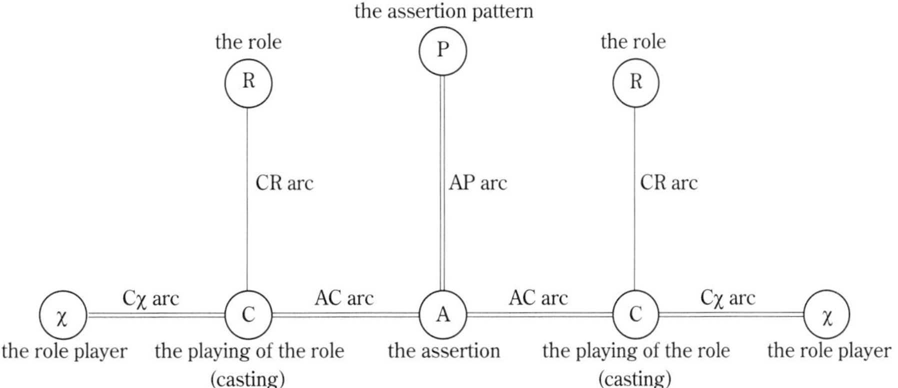

図3-1 グラフモデル

- 4種類のアーク
  - AP (Assertion-Assertion pattern)
  - CR (Casting-Role)
  - AC (Assertion-Casting)
  - Cχ (Casting-Role player)
- 5種類のノード
  - Assertion pattern
  - Assertion
  - Role
  - Casting
  - Role player

役割 (role), 役割プレーヤ (role player), 表明 (assertion), 表明パターン (assertion pattern) は, すべて主題とみなされ, 他の表明の役割プレーヤになりうる.

参照モデルでの, ノード, アークについての規則を以下に示す.

- すべてのノードは, 正確に一つの主題を表す.
- すべてのアークは, 正確に一つの表明の構成要素である.
- すべてのノードは, 複数のアークの複数の端点 (endpoint) になりうる.

また, 別々に作成されたトピックマップを, トピックの重複を排除し, しかも, トピックを失うことなしにマージするために, 主題指示子を結合点とするマージについて記述されている. これは, 計算機がトピックの意味を理解してマージするのでなく, ネットワーク上のアドレス (すなわち, アドレスが同じなら, 同一のトピックと判断する) を基準にマージすることを示している.

3.2.2 集合のモデル

現時点では, 集合のモデルを定義するための試行が続けられている. その概要を説明する. 集合のモデルでは, まず, 特性 (property) を以下のように定義する.

特性は, キーと値のペアである.

例：<名前, “江戸川乱歩” >

次に, 主題代用品を以下のように定義する.

主題代用品は, 一つの主題 (subject) を指示する一つ以上の特性の集合である. すなわち, 以下のように表現される.

主題代用品＝{特性0, …, 特性n}

さらに，主題マップ（subject map）を以下のように定義する．

主題マップは，一つ以上の主題代用品の集合である．すなわち，以下のように表現される．

主題マップ＝{主題代用品0, …, 主題代用品n}

参照モデルでは，データモデルとの混乱をさけるために，トピックマップという語の代わりに，主題マップという語を用いる．

3.2.3 今後の展望

参照モデルは，きちんとした数学モデルに基づいて，現存する，また，これからも出現してくるであろうすべての知識表現モデルに対して適用可能な共通の主題識別モデルを提供する，という挑戦的な目標をもっている．まだしばらく紆余曲折が予想され，規格として整理されるためには，もう少し時間が必要と思われる．データモデルとのマッピングも進められている．参照モデルは，その高い目標ゆえに，完成された場合は，大きな恩恵を被ることができると考えられる．今後の進捗に期待したい．

3.3 トピックマップ問合せ言語

トピックマップ問合せ言語（TMQL）は，関係データベースにおけるSQLと同じものを目指しているので，TMQLを用いてトピックマップから条件に当てはまるデータを検索することができる．現在[5]この言語仕様はWG3において議論中でいまだ正式に決まってはいない．

一方で，本書ですでに紹介済みのOntopia社のomnigatorにおいてはtologという問合せ言語[6]が実装されている．そこでこの節ではまずこのtologについて，これまで例で用いた「江戸川乱歩」に関するトピックマップを用いて，tologのオンラインチュートリアル（http://www.ontopia.net/omnigator/docs/query/tutorial.html）に基づき解説する．

次に現時点で議論されているTMQLの概要と展望について述べる．

---

[5] 2006年1月．

[6] 問合せ言語として有名なSQLやXQueryは合成において閉じている（closed under composition）のに対して，tologは合成において閉じていない．

3.3.1 tolog

tologのオンラインチュートリアル（http://www.ontopia.net/omnigator/docs/query/tutorial.html）によると，「tologは論理に基づく問合せ言語であり，データログとSQLにインスパイアされたものである」とのことであるので，データログとSQLと比較しながらtologについて解説する[7]．述語としてinstance-ofなどの組込み述語以外に，定義されているトピックマップにおける関連型と出現型は述語として問合せ中で使用することができる．以下，これまで例で用いた「江戸川乱歩」に関するトピックを用いて説明する．

〔1〕 変数と区切り子

tolog問合せにおいて変数は接頭辞として“$”を付け，問合せ式の最後には“?”を付ける．

〔2〕 組込み述語 instance-of

組込み述語 instance-ofを用いることで，トピックとそのトピック型に関する問合せを記述できる．先の例で作成したトピックとそのトピック型の組合せを表3-2に示す．

述語instance-of（$TOPIC, $TYPE）はこの組合せが値として変数に代入されたときに真となるので，トピック型が小説であるトピックの検索は以下のように記述できる．

```
instance-of ($TOPIC, 小説) ?
```

この問合せの結果は，述語instance-ofを真とする変数$TOPICに代入される値である．

表3-2　トピックとその型の組合せ

トピック	トピック型
江戸川乱歩	人
名張市	市
二銭銅貨	小説
怪人二十面相	小説

[7] データログにおける頭部が後で記述するSELECT句に相当する．データログとの大きな違いは，データログがホーン節と等価な表現能力として言語設計されているのに対して，tologは論理的な基礎とは無関係な言語設計となっている．例えば，データログではホーン節の定義から頭部は必ずなければならないがtologにおいてその必要はない．また，否定も記述できるがその場合層状意味を採用している．

よってその結果は以下のようになる．

トピック
二銭銅貨
怪人二十面相

〔3〕 関連型の述語

対象とするトピックマップにおいて定義されている関連型も述語となる．ただし，役割型を明示的に記述する必要がある．例えば，関連型 wrote において役割型「人」と役割型「小説」の二つのトピックを結び付けている．したがって，

```
wrote（江戸川乱歩，$WORK）？
```

に対して tolog エンジンは江戸川乱歩と変数 $WORK がどの役割型で結び付いているかわからないためエラーとなる．役割型を明示し以下のように記述する必要がある．

```
wrote（江戸川乱歩：人，$WORK ：小説）？
```

この問合せは結果として以下の値を返す．

小説
二銭銅貨
怪人二十面相

〔4〕 and 結合と or 結合

述語同士の論理結合子としての AND を“，”で，OR を“|”で表現する．例えば，怪人二十面相を著した人とその生地のペアは以下の問合せで記述できる．

```
born-in（$PERSON：人，$CITY：市），wrote（$PERSON：人，怪人二十面相：小説）？
```

〔5〕 射　　影

先ほどの問合せでは怪人二十面相を著した人とその生地のペアが結果として返され

るが，怪人二十面相を著した人の生地だけが知りたい場合，SELECT 句にその変数だけを記述することで射影を施すことができる[8]．この問合せは以下のように記述できる．

```
select $CITY from
  born-in ($PERSON：人, $CITY：市), wrote ($PERSON：人, 怪人二十面相：小説)?
```

〔6〕 count（）関数

tologではcount（）関数[9]が組み込まれており，このcount関数を用いることで例えば人とその人が書いた本の数を返す問合せは以下のように記述できる．

```
select $A, count ($B) from
  wrote ($A：人, $B：小説) ?
```

参考までに一般性を考慮した場合以下のような問合せとすべきである．

参考：tologではない記述

```
select $A, count ($B) from
  wrote ($A：人, $B：小説) group by $A?
```

〔7〕 並べ替え

tologでは問合せ結果の並べ替えをするためにorder-by句[10]が用意されている．上記の問合せに関して，人とその人が書いた小説の数のペアを小説の数について降順に並べ替えて出力するには以下のような問合せを記述する．

```
select $A, count ($B) from
  wrote ($A：人, $B：小説)
order by $B desc?
```

8　SELECT 句に相当する部分がデータログにおける頭部に相当する．ただし，データログでは頭部の述語名が明示されているが，tologにおけるSELECT 句では明示されない．

9　一般に関数count（）のような集約関数を適用する場合に，SQLではGROUP-BY句を明示することで対象となる表のカラム数を任意の数とすることを可能にしている．tologはここまでの一般性を有していないので，集約に関して複雑な問合せをすることは不可能である．

10　残念ながらこのorder-by句もSQLにおけるorder-by句の指定方法とは異なるものである．

SQLに詳しい読者はこの問合せはSQLの意味に従うならば以下のように記述すべきであることがわかる．

参考：tologではない記述

```
select $A, count ($B) from
  wrote ($A : 人, $B : 小説) group by $A order by count ($B) ?
```

〔8〕 出現型の述語

出現型も述語として問合せ中で用いることができる．例えば内部リソースの出現として定義されている出現型はトピックと出現値に関する述語となる．

```
instance-of ($PERSON, 人), date-of-birth ($PERSON, $DATE)
```

は人とその生年のペアが結果として返る．

同様に外部リソースの出現として定義されている出現型web-siteも同様に述語として，トピックと出現値を結び付けている．以下の問合せはweb-siteという出現型で外部リソース“http://www.edogawa.jp/rampo/”に関連づけられているトピックを返す．

```
web-site ($TOPIC, "http://www.edogawa.jp/ rampo/")
```

3.3.2 TMQLの現状と今後の展望

この項ではWG3で現在議論中のTMQLの現状についての概観と今後の展望について述べる．

〔1〕 TMQLの現状

最新のドラフトである「ISO/IEC WD 18048」によるとTMQLによる問合せ式は，三つの構文「経路式」「SELECT式」「FLWR式」のいずれかの構文で記述されたものとしている．ここで「SELECT式」と「FLWR式」中で「経路式」を記述することができるようになっている．

一般に，問合せ（query）とはあるインスタンスを入力とし，あるインスタンスを出力する写像（mapping）とみなすことができる．例えば，tolog問合せ

```
wrote（江戸川乱歩：人，$WORK：小説）？
```

は「江戸川乱歩」についてのトピックマップを入力とし，

小説
二銭銅貨

を出力する．問合せの入力と出力のデータモデルを統一することで，問合せによって出力されたインスタンスに対する問合せが記述可能となる．これが問合せ言語の合成において閉じているということである．

例えば，関係データベースに対する問合せ言語SQLによって記述された問合せは，データモデルとして「関係」を入力とし「関係」を出力する．よってSQLによって記述された問合せの結果に対してSQLで問合せを記述することが可能となる．また，XML文書に対する問合せ言語XQueryによって記述された問合せは，データモデルとして「列」を入力とし「列」を出力する．これにより，同様にXQueryで記述された問合せ結果に対してXQueryで問合せを記述することが可能となっている．

このように問合せ言語に対して入力と出力に同じデータモデルを定義することは大変重要なことである．しかしながら，現時点でTMQLに対するデータモデルは定義されていない．

〔2〕今後の展望

今後の展望としてTMQLにおけるデータモデルの定義が重要となってくる．しかしながら，トピックマップという意味レベルで取り扱っているデータ集合に対して，その問合せ言語のデータモデルを定義するというのは非常に困難な作業である．したがって，他の問合せ言語のように合成のもとで閉じた言語としてのTMQLの標準化には多くの課題がある．しかしながら，このことがトピックマップそのものの有用性や価値を損なうものではないことを強調しておきたい．トピックマップにはXTMというXMLでの構文が標準化されていることは前節までに述べたとおりである．XTMで記述されたトピックマップに対して，チューリング完全な言語であるとみなされているXQueryを用いることでこれまで挙げてきた問合せ例も含めておよそ考えられるすべての問合せを記述可能である．

例えば2.3節においてXTMで記述した「江戸川乱歩」についてのトピックマップが“http://a.b.c/tm.xml”にXMLファイルとして格納されているとすると，XQueryを用いることでこれまで説明した問合せはすべて記述することができる．

```
<?xml version="1.0" encoding="utf-8" standalone="yes"?>
<topicMap ...>
...
<topic id="rampo">
  <instanceOf><topicRef xlink:href="#person" /></instanceOf>
  <baseName>
    <baseNameString>江戸川乱歩</baseNameString>
  </baseName>
  <occurrence>
    <instanceOf><topicRef xlink:href="#e-mail"/></instanceOf>
    <resourceData>rampo@edogawa.jp</resourceData>
  </occurrence>

  <occurrence>
    <instanceOf><topicRef xlink:href="#web-site"/></instanceOf>
    <resourceRef xlink:href="http://www.edogawa.jp/~rampo/"/>
  </occurrence>
</topic>
<topic id="wrote">
  <baseName>
    <baseNameString>著す</baseNameString>
  </baseName>
</topic>
<association>
  <instanceOf><topicRef xlink:href="#wrote"/></instanceOf>
  <member>
    <roleSpec><topicRef xlink:href="#author"/></roleSpec>
    <topicRef xlink:href="#rampo"/>
  </member>
  <member>
    <roleSpec><topicRef xlink:href="#work"/></roleSpec>
    <topicRef xlink:href="#nisendouka"/>
  </member>
</association>
...
</topicMap>
```

3.3節 p. 102で述べた“instance-of ($TOPIC, 小説)?”をXQueryで記述すると次のようになる.

```
for $T in doc("http://a.b.c/tm.xml")/topicMap/topic,
    $I in $T/instanceOf/topicRef
where $I/@xlink:href="work"
return $T/baseName/baseNameString
```

3.4　制約言語

制約言語（TMCL）とは，トピックマップにおけるトピック型，出現型，関連型それぞれにおいて，もつべき名前の数，もつべき出現の型，関連づけることができる関連型など，トピックに対するさまざまな場面での制約を定義記述するための言語である．

ISO/IEC 19756では現在，このトピックマップ制約言語（Topic Maps Constraint Language：以下TMCLと略）の標準作成に向けて議論が続けられている．本章では，既存の利用可能な制約言語に基づきその機能を説明し，併せてTMCLの現状を述べる．

3.4.1　Ontopia Schema Language

原稿執筆時点では，TMCLはまだ策定作業中であり，標準として確立されたものはない．そこでまず，現在利用可能な他の制約言語の仕様に基づきトピックマップにおける制約言語のもつ機能を説明する．

現在利用可能な制約言語の一つに，Ontopia社が開発提供している“The Ontopia Schema Language”（以下OSLと略）がある．これは同社が開発販売しているトピックマップ処理ソフトウェア（Ontopia Knowledge Suite：OKS）の一部として含まれているものである．この制約言語では，XTM形式に非常によく似た書式を用い，トピックマップのさまざまな要素に対して制約を定義することができる．制約の内容は，XML Schemaに似てトピックマップの各要素に対し，型のチェックや出現可能な数，設定されるべき有効範囲などである．OSLの記述要素とそれによって定義される制約内容の一覧を表3-3に示す．

同社のOKSやOmnigatorといったトピックマップ処理ソフトウェアでは，トピックマップとOSLを組み合わせることにより，そのトピックマップの内容の検証（validation）を行うことができる．

実際に次のようなトピックマップにおける制約を考え，OSLによる定義例を見ていくこととする．

表3-3 OSLにおける制約内容の一覧

コンテナ	内容物	要素	適合対象	制約内容
トピックマップ	トピック	topic	型	クラス　スーパクラス
トピック	基底名	baseName	有効範囲	出現個数
基底名	異形名	variantName	有効範囲	出現個数
トピック	出現	occurrence	型	出現個数　有効範囲　内部/外部
トピック	関連役割	playing	役割と関連型	出現個数
トピックマップ	関連	association	型	有効範囲
関連	関連役割	role	型	出現個数　役割型

【前提】

Personトピックが定義されており，すべてのPerson型のトピックには次の制約がある．

【制約】

- 制約なしの有効範囲をもつ基底名を一つ以上，任意個もたなければならない①.
- ニックネーム（有効範囲，nick）用の基底名を必ず一つもたなければならない②.
- 生年（date-of-birth型）の内部出現を必ず一つもたなければならない③.

```
<topic>
  <instanceOf>
    <internalTopicRef href="#Person" />
  </instanceOf>
  <baseName min="1" max="Inf">     ❶
    <scope></scope>
  </baseName>

  <baseName min="1" max="1">     ❷
    <scope>
      <internalTopicRef href="#nick" />
    </scope>
  </baseName>
  <occurrence internal="yes" min="1" max="1">     ❸
    <instanceOf>
      <internalTopicRef href="#date-of-birth" />
    </instanceOf>
  </occurrence>
</topic>
```

このように，トピックマップの制約言語の一つであるOSLでは，ある型のトピックがもつべき基底名の数や有効範囲，出現の型や関連に含まれる場合に割り当てることができる関連役割といった定義が可能である．トピックマップにおける制約言語とは，まさにこうした自由な記述を許すトピックマップにあって，型制約の定義とそれに基づく検証を技術的に可能にすることで，より品質の良いトピックマップを作成する助けとなっている．

3.4.2　TMCLの現在

TMCLは現在ISO/IEC 19756としてISOのワーキンググループにより標準策定作業が進められている．原稿執筆現在，Committee Draftの投票と採択が行われ，改訂作業中である．ここで述べるTMCLの概要は，今後の検討により変更される可能性がある．注意されたい．

TMCLは，OSLのように型制約を定義するスキーマ（TMCL-Schema）に加えて，問合せ言語形式で記述された制約との適合を検査できるルール（TMCL-Rule）という大きく二つの技術から構成されている．

〔1〕TMCL-Schema

TMCL-Schemaは，書式は異なるが，OSLのようにトピックや出現，関連における型，出現回数といった制約の定義が可能である．さらに，正規表現を用いたトピック名や出現の内容値の適合規則（パターンマッチ）を定義する能力が加えられている．TMCL-Schemaでは，基本的な制約定義があらかじめ用意されている．これらを表3-4に示す．

〔2〕TMCL-Rule

TMCL-Ruleはトピックマップの問合せ言語（TMQL）を用いて書かれたルールにより，トピックマップに対して制約を定義するものである．例えば，あるトピックマップには「「作家」型のトピックが20個以上含まれなければならない」であったり，「名張で生まれた作家のトピックが含まれなければならない（「名張」トピックと関連「生まれる」で結び付いた「作家」型のトピックが存在する）」といった制約を定義することができる．つまり，トピックマップ全体にわたる規則，または特定のトピックの内容に関する制約を定義するのに用いることができる．

表3-4 基本的な制約定義

	事前定義された制約	制約の内容
1	SubjectLocatorCardMinConstraint	主題ロケータ個数の最小値を制約
2	SubjectLocatorCardMaxConstraint	主題ロケータ個数の最大値を制約
3	SubjectIdentifierCardMinConstraint	主題識別子個数の最小値を制約
4	SubjectIdentifierCardMaxConstraint	主題識別子個数の最大値を制約
5	TopicNameCardMinConstraint	トピック名個数の最小値を制約
6	TopicNameCardMaxConstraint	トピック名個数の最大値を制約
7	TopicNameMatchConstraint	トピック名文字列のパターンマッチを制約
8	VariantNameCardMinConstraint	異形名個数の最小値を制約
9	VariantNameCardMaxConstraint	異形名個数の最大値を制約
10	VariantNameMatchConstraint	異形名文字列のパターンマッチを制約
11	OccurrenceCardMinConstraint	出現個数の最小値を制約
12	OccurrenceCardMaxConstraint	出現個数の最大値を制約
13	OccurrenceMatchConstraint	出現の内容文字列のパターンマッチを制約
14	OccurrenceDataTypeConstraint	出現の型を制約
15	PlayRoleCardMinConstraint	トピックが振る舞うことのできる関連役割の最小数を制約
16	PlayRoleCardMaxConstraint	トピックが振る舞うことのできる関連役割の最大数を制約
17	RoleCardMinConstraint	関連がもつことのできる役割の最小値を制約
18	RoleCardMaxConstraint	関連がもつことのできる役割の最大値を制約
19	RoleAllPlayersFromConstraint	関連役割となることができるトピックの型を制約（トピックは与えられた型の集合のうちの一つでなければならない）
20	RoleOneOfConstraint	関連役割となることができるトピックを制約（トピックは与えられたトピックの集合のうちの一つでなければならない）

3.4.3 まとめ

本章では，トピックマップの要素に関する制約を定義記述する技術TMCLについて解説した．原稿執筆時点ではTMCLはまだ検討段階であり，制約言語の機能の説明にはOntopia社のOSLをもとに解説した．

制約言語とはトピックマップの内容を機械的に検証するため，互いに異なる組織で共通の定義に基づき品質の高いトピックマップを記述するためなど今後利用範囲の拡大が考えられる．TMCL自体は未完成の技術であるが，XML SchemaやOSL，他の情報技術における制約言語と基本的アイデアを共有する部分も多い．標準策定作業の経過を見守るとともに，そうした関連する他の技術も広く学ばれることをおすすめする．

参考文献

[1] Unicode, The Unicode Standard, Version 3.0, The Unicode Consortium, Reading, MA, USA, Addison-Wesley Developer's Press, 2000. ISBN 0-201-61633-5

[2] Unicode Standard Annex #15, UNICODE NORMALIZATION FORMS, http://www.unicode.org/unicode/reports/tr15/

[3] RFC 2396, Uniform Resource Identifiers (URI): Generic Syntax, The Internet Engineering Taskforce, August 1998, http://www.ietf.org/rfc/rfc2396.txt

[4] XML-C14N, Canonical XML, Version 1.0, World Wide Web Consortium, 15 March 2001. http://www.w3.org/TR/2001/REC-xml-c14n-20010315

[5] XML Infoset, XML Information Set, World Wide Web Consortium, 24 October 2001. http://www.w3.org/TR/2001/REC-xml-infoset-20011024

[6] Unicode, The Unicode Standard, Version 4.0, The Unicode Consortium, Boston, MA, USA, Addison-Wesley, 2003. ISBN 0-321-18578-1

[7] TMDM, ISO/IEC 13250-2 Topic Maps – Data Model, ISO, 2005. http:// www.isotopicmaps.org/sam/sam-model/

[8] TMQL, ISO/IEC Topic Maps – Query Language Working Draft, ISO, 2005. http://www. isotopicmaps.org/tmql/

[9] XML 1.0, Extensible Markup Language (XML) 1.0, W3C, Third Edition, W3C Recommendation, 4 February 2004, http://www.w3.org/TR/REC-xml/

[10] RFC3986, RFC 3986 – Uniform Resource Identifiers (URI): Generic Syntax, The Internet Society, 2005, http://www.ietf.org/rfc/rfc3986.txt

[11] RFC3987, RFC 3987 – Internationalized Resource Identifiers (IRIs), The Internet Society, 2005, http://www.ietf.org/rfc/rfc3987.txt

第4章

ツールと制作

4章では，まず利用可能な主なトピックマップツールを紹介する．その後に，トピックマップエディタの一つであるOntopolyを使用して，トピックマップを作成していただく．最後に，トピックマップ作成の一般的な手順を示す．

4.1　ツール

この節では，トピックマップを用いたアプリケーション開発に利用可能な代表的なツールをいくつか紹介する．有償の製品ベースのものから，オープンソースのもの，トピックマップアプリケーションのプログラミング全般に利用できるミドルウェアから，トピックマップをe-Learningに用いることに特化したツールまでさまざまなものがある．

〔1〕 The Ontopia Knowledge Suite - OKS

http://www.ontopia.net/solutions/products.html

OKSはノルウェーのOntopia社が開発販売する，トピックマップを用いたアプリケーション開発のためのフルセットのミドルウェアである．Java言語によるアプリケーション開発，JSPを用いたWebアプリケーション開発，問合せ言語を用いたアプリケーション開発，巨大なトピックマップをRDBMSで管理する機能など，本格的なトピックマップアプリケーション開発に対応している．原稿執筆時点の最新バージョンは3.1.2であり，図4-1に示す構成をしている．各構成要素の機能を表4-1に示す．

これら以外にも，Web Servicesを用いたアプリケーション開発の機能，トピックマップと他の形式のXMLデータとの相互変換機能など，新たな機能が順次追加される予定である．

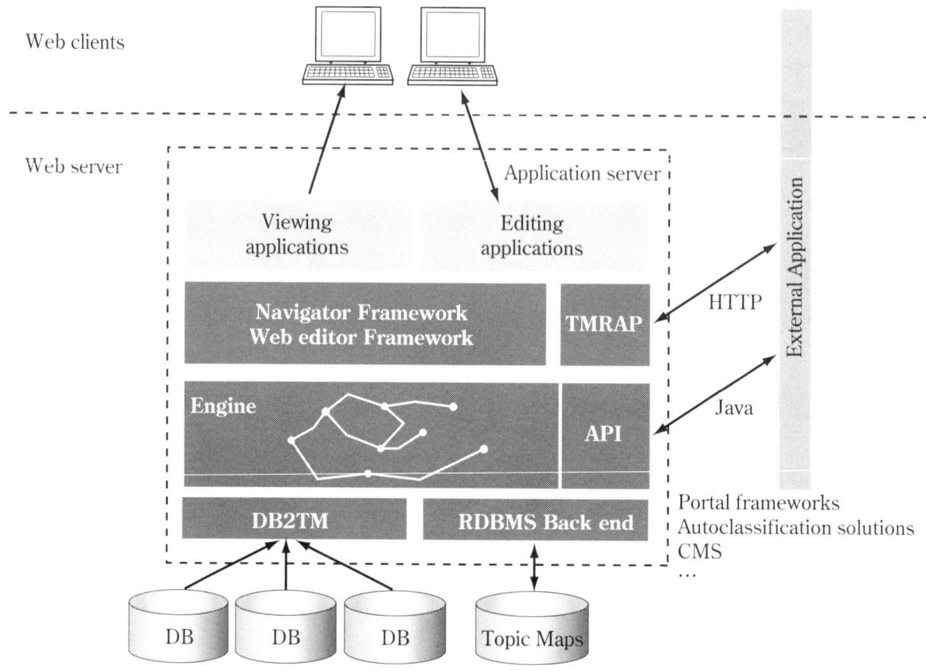

図4-1　OKSの構成要素（http://www.knowledge-synergy.com/products/oks.htmlより転載）

表4-1　OKSの構成要素と提供する機能

構成要素	機　能
Engine	Javaプログラミングインタフェースにより，トピックマップに対するさまざまな操作を提供
Topic map storage	RDBやプログラムメモリ上でトピックマップデータを管理するためのストレージ機能
Navigator Framework	JSPを用いトピックマップを用いたアプリケーションを開発するためのタグライブラリを提供
Web Editor Framework	JSPを用いトピックマップを編集可能なアプリケーションを開発するためのタグライブラリを提供
Query engine	tologと呼ばれる問合せ言語を用いたトピックマップに対する問合せ機能を提供
Schematools	OSLと呼ばれるトピックマップ型制約を記述検証するための機能を提供
Full text search	トピックマップに対する全文検索機能を提供

〔2〕 Topic Maps 4 Java - TM4J

http://tm4j.sourceforge.net/

TM4Jはオープンソースによるトピックマップアプリケーション開発用ソフトウェアの開発と提供を行うプロジェクトの総称である．プロジェクトはさまざまなサブプロジェクトからなっており，各々特定の目的をもったソフトウェア/ライブラリの開発提供を行っている．現在利用可能なものを表4-2に示す．

TM4Jの特徴として，TMAPI[1]準拠が挙げられる．TMAPIとは，トピックマップアプリケーション開発のためのプログラミングインタフェースを標準化したものである．先述のOKSや，後述するTMCore05でも実装されており，プログラマは利用するツールの差異を気にすることなく，トピックマップアプリケーション開発を行うことができる．

〔3〕 Topic Maps 4 e-Learning - TM4L

http://compsci.wssu.edu/iis/NSDL/

TM4Lは，トピックマップを教育に利用することを目的としたソフトウェアを提供するものである．先に紹介したOKSその他いくつかのツールでも，トピックマップの作成を支援する機能は見られるが，それらはおおむね知識表現のエキスパートのためのものである．TM4Lはトピックマップの作成，保守，管理，検索といった教育の場での利便性を提供するツールを目指すものである．

現在はトピックマップを記述作成するためのアプリケーションTM4L Editor（図4-2）と，作成したトピックマップをさまざまな形式でグラフィカルに可視化するためのツ

表4-2 サブプロジェクトの一覧

サブプロジェクト	目　的
TM4J Engine	Java言語によるトピックマップアプリケーション開発用ミドルウェアを提供．先述のOKSと同じく，RDBMSとの連携や問合せ言語の利用，XTMやLTMといった構文に対応している．
TMNav	独立したJavaアプリケーションとしてトピックマップの可視化（グラフ表示）を行う
Panckoucke	トピックマップからグラフモデルを作成するためのライブラリ
TM4Web	CocoonやStrutsといった代表的Webアプリケーションフレームワークと組み合わせて，トピックマップを用いたWebアプリケーション開発を行うためのライブラリ

[1] http://tmapi.org/

図4-2　TM4L Editorの例

ールTM4L Viewer（図4-3）を提供している．これら二つのツールには，先に紹介したオープンソースのトピックマップアプリケーション開発用ミドルウェアTM4Jが用いられている．

TM4Lは，学習者およびそのインストラクタ両者にとって有用なツールの提供を目指している．ここでは，両者に対する効果を紹介しておく．

学習者：学習素材の柔軟な検索，主題の属す話題領域に基づくブラウズ，情報の視覚化，カスタマイズ，その場に応じたガイダンスやフィードバックの提供

インストラクタ：知識情報の効率的な管理，学習コンテンツのパーソナライズ，分散環境でのコンテンツ開発，学習コンテンツの再利用

〔4〕TMCore05

http://www.networkedplanet.com/

TMCore05は，英NetworkedPlanet社が開発販売している有償のトピックマップエンジンである．Microsoft社の.NET framework用に開発されており，以下の特徴をもって

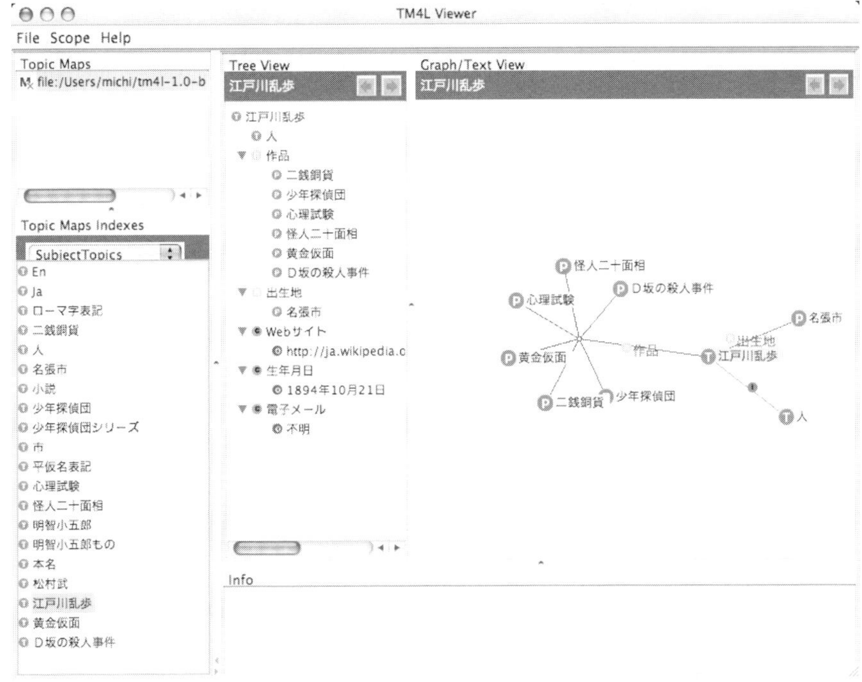

図4-3　TM4L Viewerの例

いる.

- TMDMを完全に実装
- XMLベースの高水準なWeb Servicesインタフェースを装備
- TMAPI準拠のAPIを提供
- .NET frameworkのマネージドコードに対応. VB, C#, J#などCLRに対応したすべてのプログラミング言語による開発が可能

〔5〕 まとめ

この章ではトピックマップを用いたアプリケーション開発に利用可能な代表的なツールを紹介した. これらは, 現在広く用いられており, Web上の情報も充実している. 各々のより詳細な情報については, 読者各自でそちらを参照されたい.

また, ここに挙げた以外にも有用なツールは多数存在する. 本格的なアプリケーション開発から, 自作したトピックマップをとりあえず視覚化したり他者と共有したりとさまざまなことが可能である.

4.2　作ってみよう

さて，いよいよ，実際にトピックマップ作りを楽しんでいただこうと思う．本節では，最初に簡単なトピックマップを作成する．例題として，デジタル写真を整理し見つけやすくするためのデジタル写真館トピックマップを取り上げる．その後にトピックマップを作成するための一般的な手順を説明する．

4.2.1　デジタル写真館トピックマップの作成

読者の中でも多くの人が，デジカメや携帯電話でデジタル写真を撮っていることと思う．ただ，せっかく撮っても，撮りっぱなしにしていて，ある特定の写真を見たくなったときに，なかなか見つけられない，といった状態の人も多いと思う．これから，デジタル写真を整理・分類するためのトピックマップを一緒に作っていただこうと思う．

デジタル写真館トピックマップの中のトピックとして，まず，個々の写真に対応する写真トピックを作成することとする．画像ファイルとしての実際の写真は，写真トピックの外部出現とする．そして，写真を見つけやすく整理するために，“いつ”，“どこで”，“誰が”，“何を” に対応させてトピックを作成することにする．以下に作成するトピックの型を示す．

- 写真（Photo）トピック
- 日付（Date）トピック
- 場所（Place）トピック
- 人（Person）トピック
- 出来事（Event）トピック

そして，それらのトピック間に存在する関連を作成する．以下に作成する関連の型を示す．

- 写真–日付関連
- 写真–場所関連
- 写真–人関連
- 写真–出来事関連
- 場所–出来事関連
- 出来事–日付関連
- 日付–場所関連

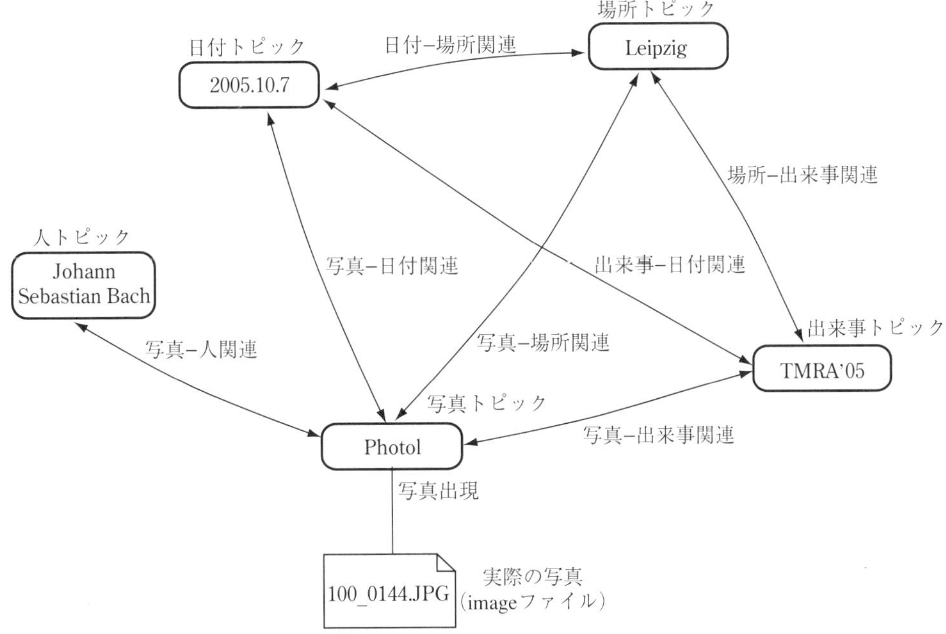

図4-4 デジタル写真館トピックマップのトピックおよびトピック間の関連

写真一枚一枚に対して，それぞれのトピック，および関連を作成する．図4-4に，これから作成するデジタル写真館トピックマップのトピックおよびトピック間の関連を示す．以下，このデジタル写真館トピックマップを順番に作っていく．

〔1〕準　　備

まず，デジタル写真館トピックマップを作るための準備をする．ここでは，Ontopia社がフリーで提供しているトピックマップエディタOntopolyを使用してトピックマップを作成することとする．したがって，Ontopolyを含めて以下の準備をする．

（1） OKS Samplers

まだOKS Samplersをインストールしていない場合はインストールをする．OKS Samplersには，トピックマップエディタOntopoly，トピックマップブラウザOmnigator，そして，トピックマップ視覚化ツールVizigatorの機能限定版が含まれている．さらに，本書付属のCD-ROMのOKS Samplersには，VizDesktopも含まれている．インストール方法については，付録C.1を参照のこと．

（2）デジタル写真館トピックマップ

トピックマップ作成作業を簡略化するために，筆者が途中まで作成しておいたトピックマップを使用していただくこととする．CD-ROMに格納されている作成途中のデジタル写真館トピックマップ“photo-gallery-ontology1.xtm”を，oks-samplers下の以下のディレクトリに置く．

C:¥oks-samplers¥apache-tomcat¥webapps¥omnigator¥WEB-INF¥topicmaps
（OKS SamplersをWindowsのCドライブにインストールしたときの例）

（3）デジタル写真

あなたのデジタル写真を用意する．デジタル写真は，omnigatorディレクトリの下に“photos”ディレクトリを作成し置くことにする．

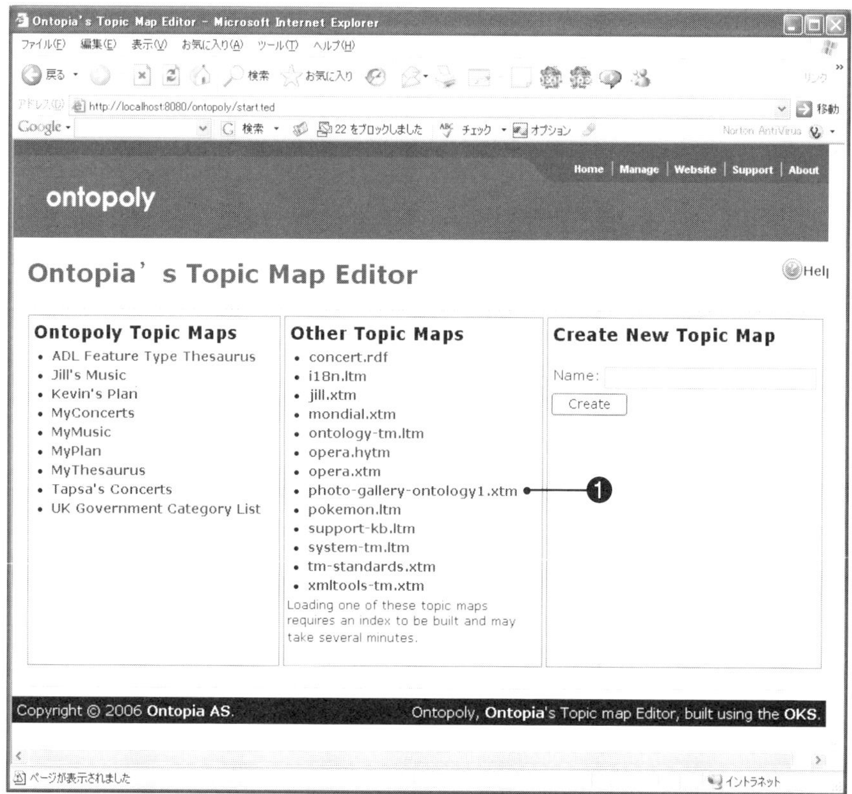

図4-5　Ontopolyの開始画面

C:¥oks-samplers¥apache-tomcat¥webapps¥omnigator¥photos
(OKS SamplersをWindowsのCドライブにインストールしたときの例)

〔2〕 Ontopolyの起動とトピックマップの選択

準備ができたところで，Ontopolyを起動させる（起動方法については，付録C.1.3およびC.2.2参照）．Ontopolyを起動させると，既存のトピックマップの一覧と，新規トピックマップの入力欄をもったページが表示される．Ontopoly開始画面を図4-5に示す．

今回は，筆者が途中まで作成しておいたトピックマップをもとに作成していただく，ということで，Ontopoly開始画面の中央部分の“Other Topic Maps”領域に表示されているトピックマップの中から，“photo-gallery-ontology1.xtm”を選択する（図4-5①）．（一度Ontopolyに読み込むと，2回目以降は，“Ontopoly Topic Maps”の欄に表示される．）Ontopolyの画面に，以下のメッセージが表示されるので，“OK”ボタンをクリックする．“This is an Ontopoly topic map, so no conversion is necessary. Do you want to edit it with Ontopoly?”すると，図4-6のように，“photo-gallery-ontology1.xtm”トピックマップのOntology画面が表示される．

この画面では，“photo-gallery-ontology1.xtm”トピックマップがもつトピック型の一覧が表示されている（図4-6①）．実は，“photo-gallery-ontology1.xtm”には，トピックマップでのオントロジに相当するトピック型，出現型，関連型，そして，関連役割型がすでに定義してある．この後，読者に各型のインスタンスを入力していただくことになる．

〔3〕 トピック（インスタンス）の作成

図4-6の画面から，“Instances”タブを選択すると（図4-6②），Instances画面が表示され，Ontology画面の場合と同様にトピック型の一覧が表示される．その中から作成したいトピックの型を選択すると，型に合わせたインスタンストピックの入力画面が表示される．その画面の入力フィールドに順次入力することにより，トピックを作成する．以後，一枚の写真に関係するトピックの入力を順次行う．

（1） 写真トピックの入力

トピック型の一覧から“Photo”を選択すると，Photo型のトピックの一覧が表示される．現段階では，インスタンスが一つもないので，“There are currently no instances of Photo.”のメッセージが表示される（図4-7①）．

図4-7の画面で，入力項目New instanceに，トピック名を入力し（図4-7②）（この例では，トピック名を“Photo1”としている），“Create Topic”ボタンを押すと（図4-7③），図4-8のようなPhoto1トピックの入力画面が表示される．この画面にて，“Photo-

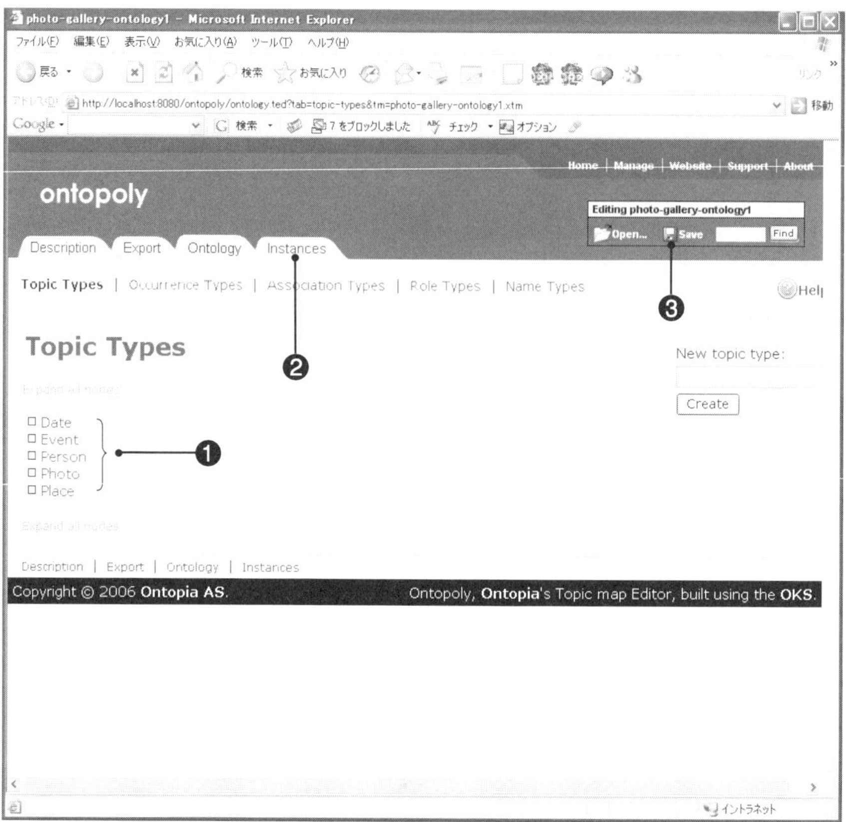

図4-6 トピック型（Topic Types）の一覧画面
注意：編集を途中で中断する場合は，“Save”（画面右上③）することを忘れないように.

occurrence”，“Description-occurrence”，“Author-occurrence”，および“Subject Identifier”入力項目に，例えば以下のように入力をして“Confirm”ボタンを押す（図4-8⑥）.

- Photo-occurrence ← http://localhost:8080/omnigator/photos/100_0144.JPG（図4-8①）
  （100_0144.JPGの部分は，あなたの用意した写真のファイル名を指定する）
- Description-occurrence ← Statue of Johann Sebastian Bach（図4-8②）
  （あなたの写真の説明を入力する）
- Author-occurrence ← Motomu Naito（図4-8③）
  （あなたの写真の撮影者を入力する）

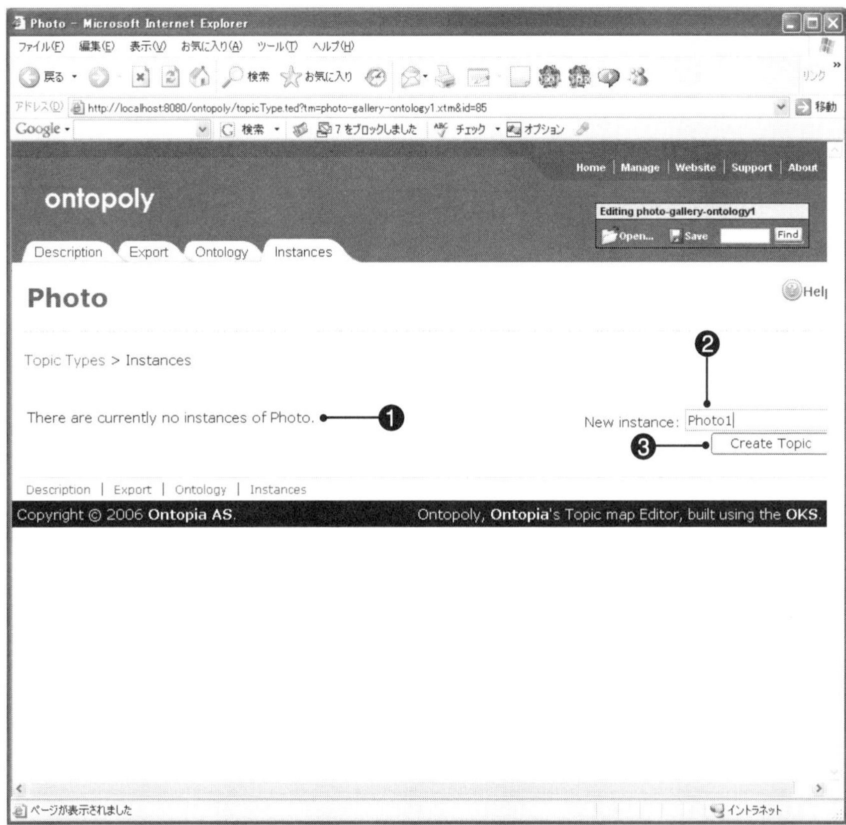

図4-7　写真（Photo）トピックの新規作成画面

- Subject Identifier ←
  http://www.knowledge-synergy.com/psi/photo-gallery.xtm#photo-no-100-000144
  (図4-8④)
  (あなたの写真トピックの適当な主題識別子を入力する)

関連Photo-Place，Photo-Event，Photo-Person，および，Photo-Dateについては，後で入力することとする（図4-8⑤）.

（2） 他のトピック（インスタンス）の入力

続いて，同様に日付（Date）トピックの作成を行う．図4-8の画面にて，Instanceタブを選択すると，再度，トピック型の一覧画面が表示される．今度は，日付（Date）トピックを選択し，例えば，トピック名“2005.10.7”と入力して，Create Topicボタン

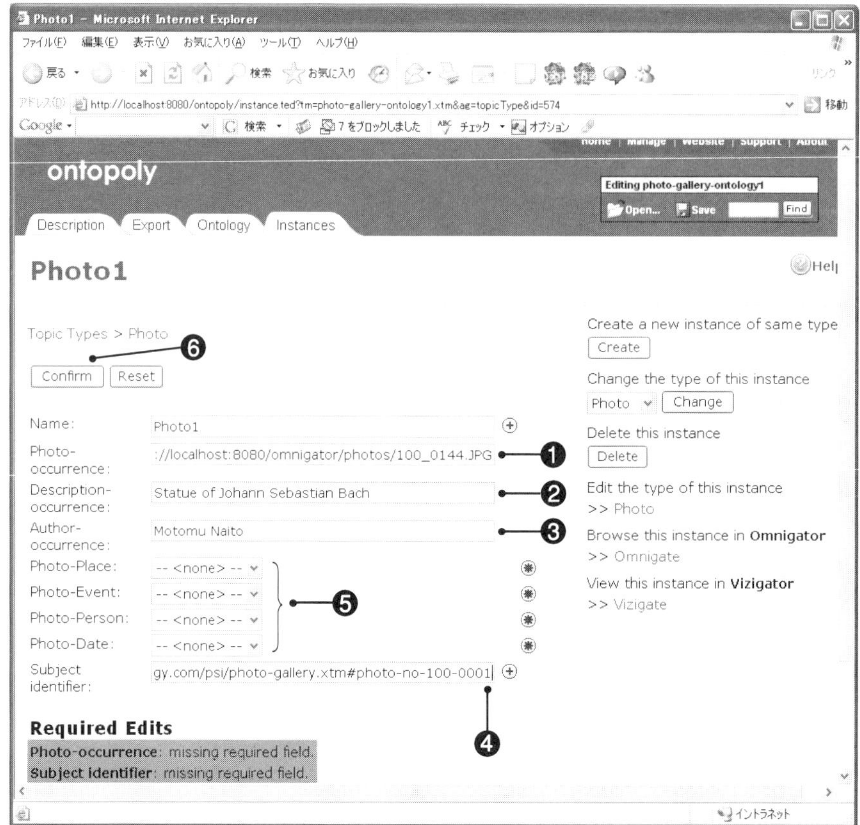

図4-8　写真（Photo）トピック入力画面

を押す（読者は，自分の写真の日付を入力してほしい）．すると，今度は，図4-9のような日付トピック入力画面が表示される．日付トピックでは，トピック名のほかに入力が必要なのは，Subject identifierである．例えば，Subject identifierの欄に，以下のように入力して（図4-9①）“Confirm”ボタンを押す（図4-9②）．

http://www.knowledge-synergy.com/psi/photo-gallery.xtm#date-20051007

関連Photo-Date，Event-Date，Date-Placeの入力は，後で行うことにする（図4-9③）．

以下同様に，場所トピックの入力，出来事トピックの入力，人トピックの入力を行う．例えば，場所トピックとして“Leipzig”，出来事トピックとして“TMRA’05”，人トピックとして“Johann Sebastian Bach”のようにそれぞれ入力する．読者は，自分の

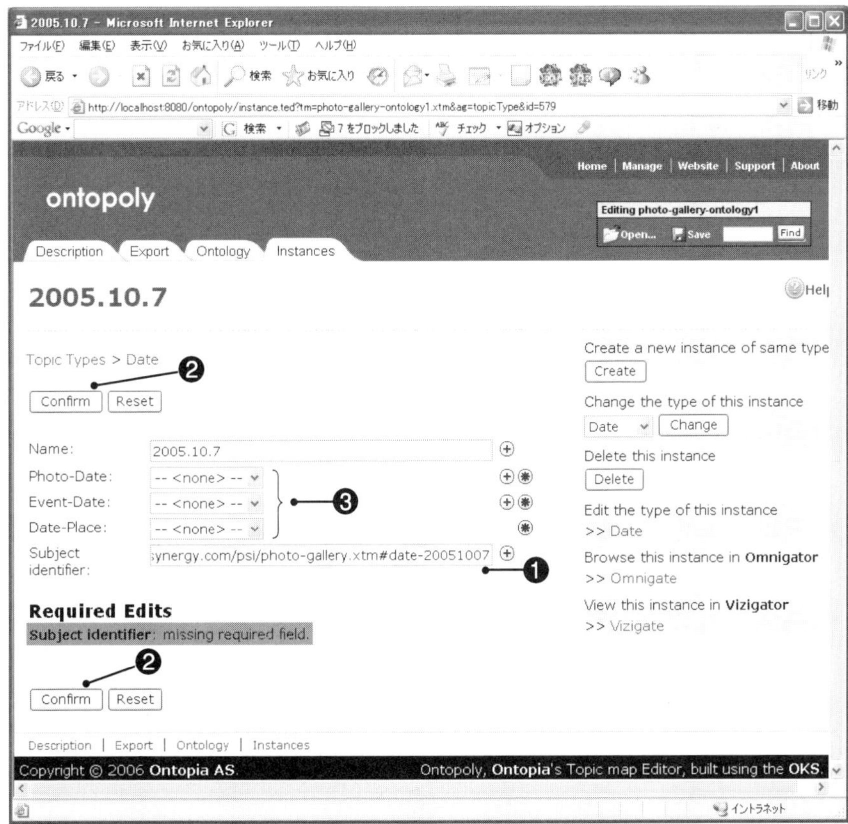

図4-9　日付（Date）トピック入力画面

写真に合わせて入力してほしい．

〔4〕関連の作成

一組のトピックが入力できたところで，関連の入力を行う．改めて，“Instances”タブを選択し，トピック型の一覧から“Photo”を選択する．Photo型トピックのインスタンス一覧から，Photo1を選択する．そして，関連Photo-Place，Photo-Event，Photo-Person，および，Photo-Dateについて，例えば図4-10のように，〔3〕で作成したトピックをそれぞれの関連役割プレーヤとして選択し（図4-10①），“Confirm”ボタンを押す（図4-10②）．

以降，同様に，Dateトピック，Eventトピック，Personトピック，Placeトピックについて，それぞれ関連の入力を行う．（関連は両方向なので，一方向で入力すれば，逆方向も入力したことになる.）これで，一組のトピックとトピック間の関連の入力をしたことになる．実際には写真の枚数分この作業を繰り返すことになる．

〔5〕Omnigatorでの表示

一組の入力をしたところで，Omnigatorでその状態を見てみる．そのために，図4-10の画面の右側の領域に表示されているOmnigatorへのリンクを選択する（図4-10③）．するとOmnigatorの画面が表示される（図4-11）．

図4-11にOmnigatorでの表示例を示す．トピック名が“Photo1”で，“Photo-Date”，“Photo-Event”，“Photo-Person”，および，“Photo-Place”の四つの関連（Associations）と，“Author-occurrence”，“Description-occurrence”の二つの内部出現（Internal Occurrences），および，一つの外部出現（External Occurrences）“Photo-occurrence”

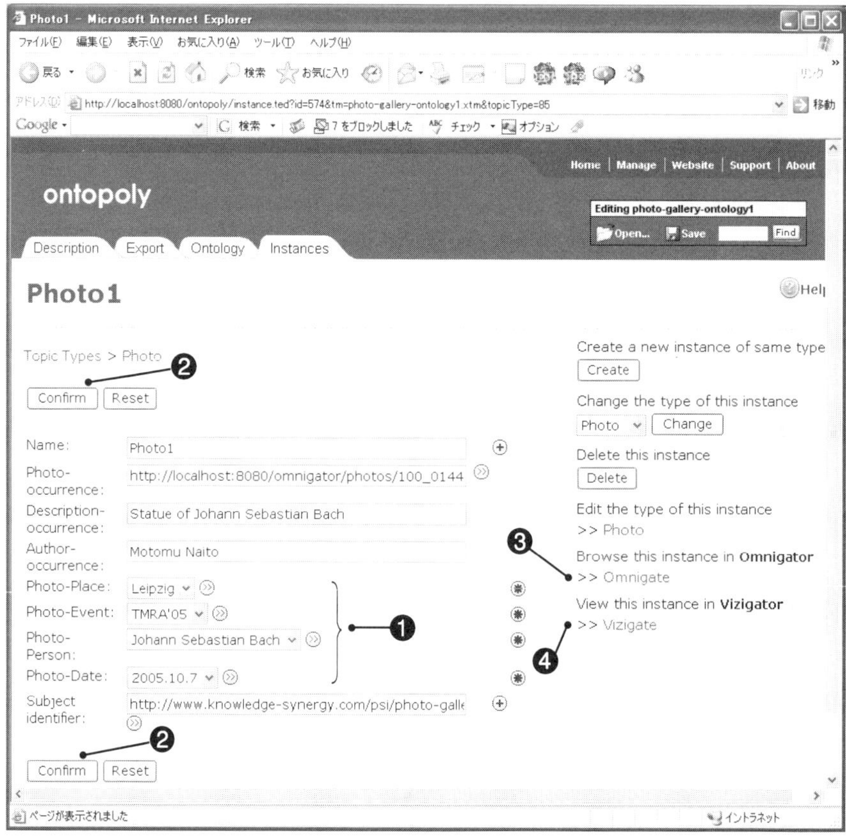

図4-10 写真（Photo）トピックに関係する関連の入力

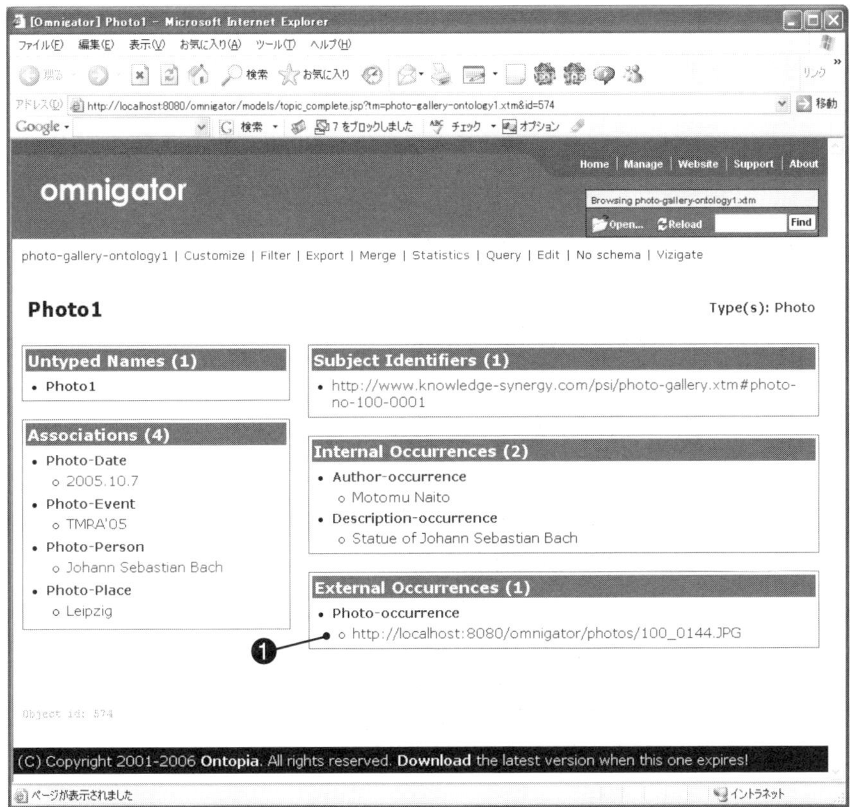

図4-11　Omnigatorでの写真（Photo）トピックの表示

をもつことが表示されている．例えば，Associations欄から，適当な関連を選択することにより，トピック間を自由にナビゲートできることを試してもらいたい．

さらに外部出現（External Occurrences）に表示されている“Photo-occurrence”のURLを選択すると（図4-11①），図4-12のように実際の情報リソース（写真）を表示させることができる．

〔6〕 Vizigatorでの表示

Omnigatorと同様に，図4-10の右側の領域から，Vizigatorを選択することにより（図4-10④），トピックマップを視覚化（グラフ表示）することができる．図4-13に，視覚化（グラフでの表示）した例を示す．各ノードに焦点をあてることにより，グラフ上をナビゲートできる．

写真，日付，人，場所，出来事をインデックスとして，さらに，定義した7種類の関

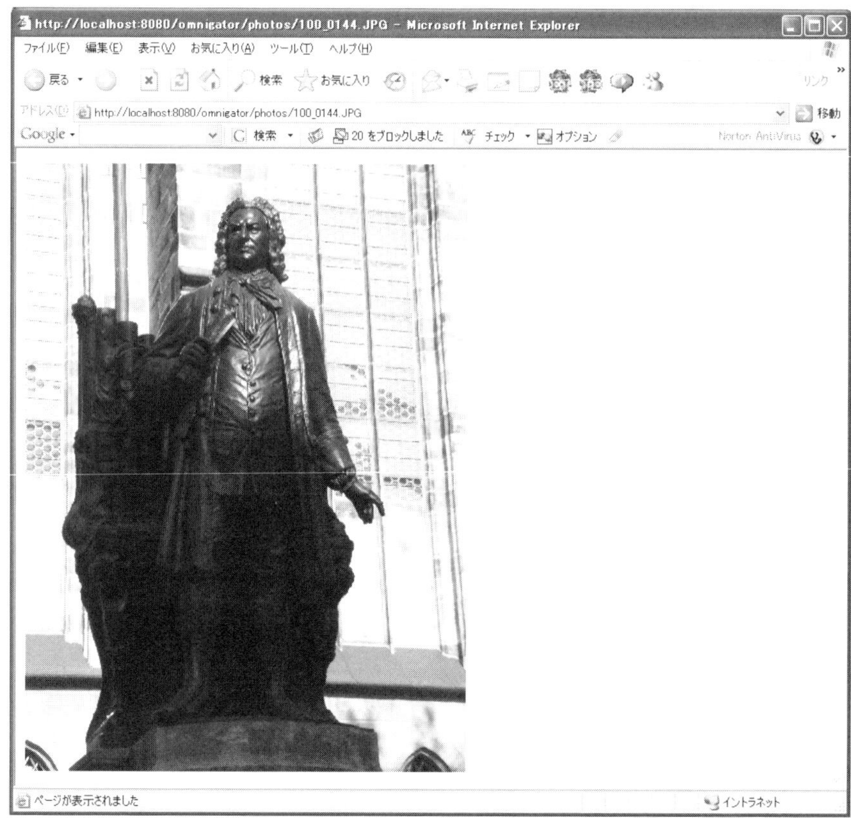

図4-12 写真（Photo）トピックの外部出現の表示

連上を自由にナビゲートできる．そして，適切な視点（インデックス）から情報リソースにたどりつくことができるようになる．

今回作成したトピックマップの構造をトピック型，関連型も含めて図にすると図4-14のようになる．関連役割型，出現型については，図が煩雑になるために省略してある．

〔7〕 編集作業の終了

Ontopolyでのトピックマップの編集作業を終了する場合は，Ontopolyを終了させる前に，これまでの編集内容を保存するために，画面右上の“Save”をクリックする（図4-6③）．

読者の方には，自身が所有するデジタル写真のためのトピックマップを作成してい

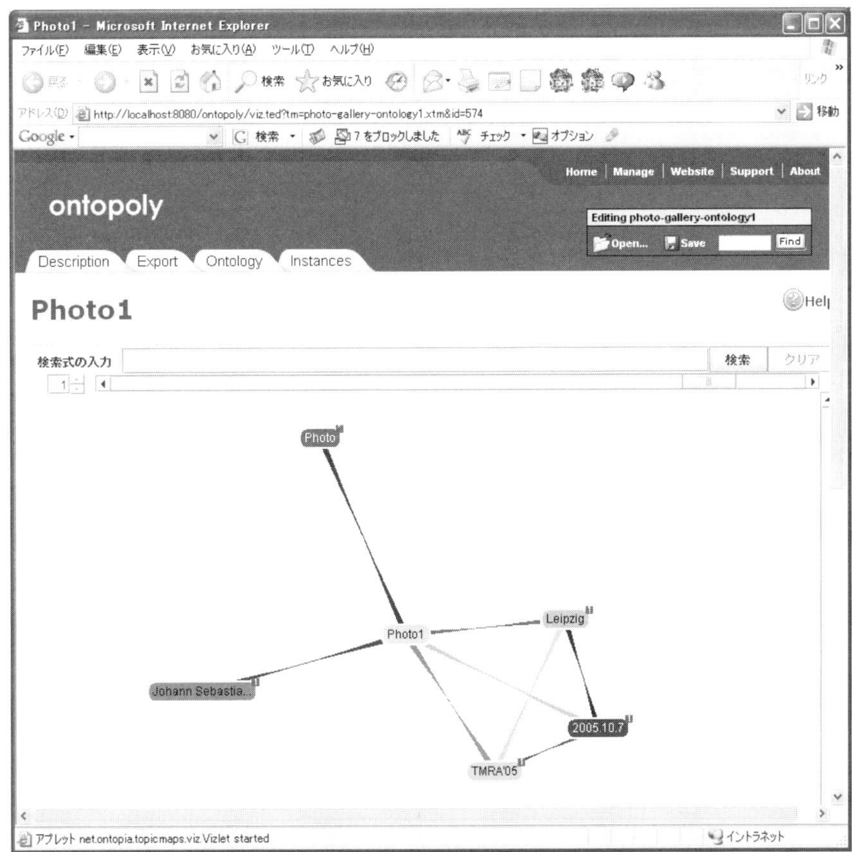

図4-13 Vizigatorでの写真（Photo）トピックの表示

ただき，表示，ナビゲート，マージ，スコープフィルタリング，そして，検索などを試していただきたい．

この節で使用したトピックマップツールは，本書付属のCD-ROMに格納されている．

4.2.2 トピックマップ作成の一般的な手順

トピックマップの作成を楽しんでいただいたところで，トピックマップ作成の一般的な手順について説明する．といっても，現時点では確立されたトピックマップ作成手順はなく，それを確立することが大きな課題になっている．ここでは，不完全ながら筆者の経験則としての作成手順を提示させていただく．トピックマップの作成手順を図4-15に示す．

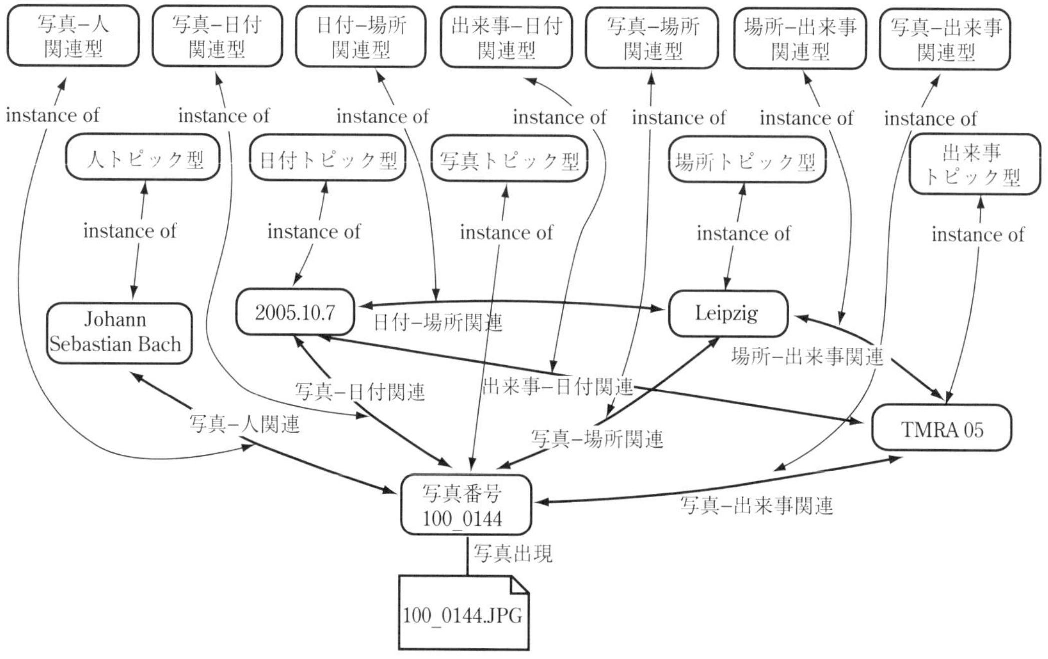

図4-14　デジタル写真館トピックマップの構造

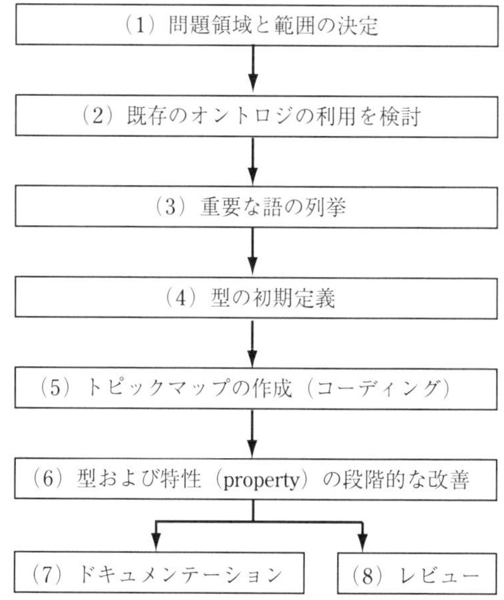

図4-15　トピックマップの作成手順

それでは，手順にそって順に説明していく．

〔1〕問題領域と範囲の決定

まず，最初に問題領域と範囲の決定を行う．この段階では例えば以下のようなことを検討する．

- 検討範囲を定める
  - トピックマップが対象とすべき主題は？
  - 対象とすべき情報リソースは？
- 利用者を想定
  - 対象者は？
  - 主要な利用目的，方法，視点は？
- 作成者の想定
  - 利用できる人的リソースは？
  - プロジェクトの目標は？
  - 投資可能な予算は？

問題領域として，例えば，すでに作成したように，大量に存在するデジタル写真を蓄積，管理するためのデジタル写真館を選択する．さらに，利用者は，写真の所有者およびその家族，知人とし，見つけたい写真をすぐに見つけられるようにするために，いろいろな視点（例えば，場所，人，出来事，日付等）から写真にアクセスできるようにすることを目標とする．また，作成者は，トピックマップの作成に興味がある読者とする．というふうに，問題領域と範囲を決定する．

〔2〕既存のオントロジの利用を検討

第2段階では，上記，問題領域のオントロジを探してその適用可能性を検討する．例えば，場所や出来事についてのオントロジの利用を検討する．以下のものをその候補として考えることができる．

- 既存のデータベーススキーマ
- DTD，XMLスキーマ
- 用語集
- タクソノミ
- 統制語彙，シソーラス
- Published Subjects（公開された主題）

- 既存のトピックマップ
- 公開されているオントロジ
- 分類システム（十進分類）

デジタル写真館トピックマップでは，例えば，以下のオントロジの利用が考えられる．

- 場所オントロジ
- 出来事オントロジ

〔3〕 重要な語の列挙

第3段階では，問題領域に関連すると考えられる語を列挙する．これらの語がトピックマップの対象の候補となる．それらは，型，インスタンス，関連，情報リソースなどの集合になる．例えば，デジタル写真館に関連すると思われる語を列挙すると，以下のようになる．

- 写真
- 日付
- 場所
- 出来事
- 人
- 撮影者
- 写真の説明

〔4〕 型の初期定義

第4段階は，型の初期定義である．つまり，トピックの型（type）の定義，関連の型（type）の定義，出現の型（type）の定義，関連役割の型（type），および，トピック名の型（type）の定義を行う．

トピック型を見極めるための基準を以下に示す．

- 型は，共通点をもつ個（インスタンス）の集合である．
- 時に，型は階層として整理される．
- トピックマップにおいては，あるものは型でありインスタンスでもありうる．
- 役割（role）型とトピック型を区別する．

例えば，デジタル写真館のトピック型として以下のものが考えられる．

- 写真型
- 日付型
- 場所型
- 出来事型
- 人型

関連型は，トピック間の関係の型であり，〔3〕で集めた語の中から関連を見つけることができる．集めた語以外に関係が必要な場合は，それらも関連型になる．

例えば，デジタル写真館の関連型として以下のものが考えられる．関連型は，動詞で表す慣習があるが，適切な動詞を割り当てるのは結構難しい．ここでは安易に，関連により関係づけられるトピック型を羅列することにする．

- 写真–場所型
- 写真–出来事型
- 写真–人型
- 写真–日付型
- 場所–出来事型
- 出来事–日付型
- 日付–場所型

関連によって関係づけられるトピックが，その関連において果たす役割が，関連役割である．上記の関連から，以下の関連役割型が考えられる．

- 写真役割型
- 場所役割型
- 人役割型
- 日付役割型
- 出来事役割型

出現型は，トピックと情報リソースとの関係の型である．使用可能な情報リソースを調べることにより，出現型を見つけることができる．また，出現には外部出現と内部出現がある．外部出現は情報リソースであり，内部出現は特性（property）に相当する情報である．

デジタル写真館の出現型として以下のものが考えられる．

- 写真型
- 写真の説明型

- 撮影者型

〔5〕トピックマップの作成（コーディング）

第4段階で定義した型に合わせて，インスタンス（トピック，出現，および，関連）のコーディングをする．型がまだコーディングされていない場合は型もコーディングする．トピックマップを作成（コーディング）する方法として，例えば以下のようなものがある．

- 手作業で作成
  - テキストエディタを使用して作成
  - Ontopolyのような汎用トピックマップエディタを使用して作成
- XML形式のデータに対してXSLTを使用して作成
- RDBのデータに対して，XML形式で出力し，XSLTを使用して作成
- EXCELのデータに対して，VBやマクロ，OKSのDB2TM機能などを使用して作成
- トピックマップ作成のための専用アプリケーションを開発して作成

〔6〕型，特性（property），およびインスタンスの段階的な改善

第6段階では，前段で初期定義した型，特性（property），およびインスタンスの段階的な改善を行う．すなわち，トピックマップを作成して，作成目的に合致しているか評価し，評価結果を改善に反映させるサイクルを何度か繰り返す．

〔7〕ドキュメンテーション

第7段階では，トピックマップおよびその構造の文書化を行う．以下に，文書化についての要点を記述する．

- トピックマップのスキーマ，および，オントロジは，トピックマップを作成するのに必要であるが，それだけでは必ずしも十分ではない
  - もし，スキーマおよびオントロジを複数の人が使う予定がある場合は，通常文書化が必要
  - 文書化は，いつでも役に立つ
  - 文書化は，いつも，作成し保守するための資源を必要とする
- 文書化の利点
  - スキーマおよびオントロジの一貫した利用法の徹底を支援

  – 将来，スキーマおよびオントロジをどのように使用するのか誰も覚えていなくなったときの救い手
  – スキーマおよびオントロジを記述することは，それが正しいかどうかチェックする有益な方法になる
  – チームにおけるスキーマおよびオントロジについての合意を保証する
- 文書化は，いろいろな形式をとりうる
  – スキーマおよびオントロジを説明するガイド文書
  – published subject indicator（公開された主題指示子）の集合

〔8〕レビューの実施

第8段階は，レビューの実施である．レビューすることにより，新しい要求または改善要求を引き出す．それらの要求のあるものは，作成したスキーマおよびオントロジへの追加，改善を必要としているかもしれない．その場合，前の作業に戻って，新しい要求または改善要求を満たすためにはどのようにしたらよいか検討する．

以上，一般的なトピックマップ作成手順を示した．上記手順を参考に，再度，デジタル写真館，そして，読者独自のトピックマップを作成していただきたい．

参考URL

[1] OKS
http://www.ontopia.net/solutions/products.html
[2] TM4J
http://tm4j.sourceforge.net/
[3] TM4L
http://compsci.wssu.edu/iis/NSDL/
[4] NetworkedPlanet
http://www.networkedplanet.com/

付録 A

事　　例

すでに，国内外に多くのトピックマップの適用事例が見られる．以下は，それらの一部を列挙したものである．下記の事例のうち，掲載許可の得られたもの，Webに公開されているもののいくつかを紹介する．(A.n.n) は，紹介記事の項番を表す．

表A-1　国内の事例一覧

項番	タイトル	領　域	解説の項番
1	トピックマップを用いたLSI設計知識の共有システムの開発	LSI設計シミュレーション	(A.1.1)
2	バーチャルミュージアム	美術館	(A.1.2)
3	マーケット調査からのシナリオ作成支援	マーケティング支援	
4	京都大學21世紀COE東アジア世界の人文情報學研究教育據點	学術研究，人文情報学	(A.1.3)
5	ローマ法の現代的慣用時代の法学学位論文における師弟関係と主題のメタデータ	学術研究，法学	(A.1.4)
6	ソフトウェアライフサイクルプロセスを支援する知識管理環境	ナレッジマネジメント	(A.1.5)
7	文化遺産知識におけるトピックマップ	文化資産知識管理	
8	ブログにおけるトピックマップセマンティックマネジメント	ナレッジマネジメント	(A.1.6)
9	小学校用の主題語彙とその表示のためのディレクトリ型インタフェース	語彙管理	(A.1.7)
10	セマンティック・ラッパーとしての絵文字ナレッジベースXTM構築（IPA未踏ソフトウェア創造事業）	絵文字ナレッジベース	
11	「知のコンシェルジェ」—百科事典の知識体系をビジュアルな検索に応用	知識系コンテンツサービス	(A.1.8)

表A-2　海外の事例一覧

項番	タイトル	領　域	解説の項番
1	BrainBank Learning	E-Learning	(A.2.1)
2	Topic Map for ONI	ナレッジマネジメント	(A.2.2)
3	The Y-12 Topic Map System	ナレッジマネジメント	(A.2.3)
4	Topic Maps 4 E-Learning (TM4L)	E-Learning	(A.2.4)
5	Subject Centric IT in Local Government	ドキュメント管理	(A.2.5)
6	IRS Tax Map	ナレッジマネジメント	(A.2.6)
7	セマンティックポータル http://www.abm-utvikling.no/om/english.html	Webポータル	
8	ビジネスプロセスモデリング http://www.idealliance.org/papers/dx_xmle04/papers/04-03-03/04-03-03.html	ビジネスプロセスモデル	
9	EUにおける行政用語ポータル http://www.mssm.nl/materials/adnom/working-draft-leipzig-adnom.pdf	Webポータル	
10	bibMap (トピックマップ関連研究の文献目録) http://www.informatik.uni-leipzig.de/~maicher/bibliography.html	文献目録	
11	New Zealand Electronic Text Centre http://www.nzetc.org/tm/scholarly/tei-NZETC-About.html	オンラインアーカイブ	(A.2.7)
12	National Library of Australia	シソーラス用語管理	
13	Dutch Tax and Customs Administration http://www.idealliance.org/papers/dx_xmle04/papers/04-01-03/04-01-03.pdf	タクソノミ管理	
14	Product configuration A Scandinavian telecom company	製品構成管理	
15	Enterprise information integration Starbase	情報統合	
16	Metadata management Norwegian Government Administration Services	メタデータ管理	
17	Business rules management US Department of Energy	ビジネスルール管理	
18	Representing Software System Information in a Topic Map http://www.mulberrytech.com/Extreme/Proceedings/html/2004/Brady01/EML2004Brady01.html	情報管理	
19	IT asset management University of Oslo	IT資産管理	

A.1　国内の事例

A.1.1　トピックマップを用いたLSI設計知識の共有システムの開発（LSI設計シミュレーションの技術体系の構築）

製 作 者　中林　啓司

対象領域　LSI設計シミュレーション

〔1〕概　　要

本例では，トピックマップを用いてLSI設計知識の共有を支援するシステムを開発した．

LSI（大規模集積回路）は，今日のデジタル情報化社会の基盤をなすものである．近年のデジタル家電や情報機器の製品サイクルの短縮化に伴い，半導体メーカはLSI設計の品質向上・効率化を図っていく必要がある．そのためには，LSI設計に携わる技術者間での知識共有・利用が不可欠である．LSI設計で最も重要なものは，設計したシステムや回路（半導体電子回路）が設計仕様を満足しているかどうか検証するシミュレーション（コンピュータによる模擬実験）である．正確なシミュレーションを行うためには，設計工程に対応したシミュレーション手法やシミュレータを選択し，さらに解析対象となるシステム，回路，デバイス（半導体素子）等の動作・特性を表現したモデルを精度良く作成する必要がある．もしシミュレーション手法が不適切な場合やモデル精度が十分でない場合，製造後のLSIが設計仕様どおりに動作しない不具合が発生する．これまでシミュレーションやモデルに関する知識は，一部の熟練設計者やシミュレーション分野の専門家の個人知として存在しており，設計部署内で共有・利用できていなかった．これら知識の形式知化が可能であることに着目し，トピックマップを用いて知識の組織化・体系化を行い，組織知として共有・利用を支援するシステムを開発した．

〔2〕LSI設計シミュレーションに関する知識

シミュレーションやモデルに関する知識（以下，技術知識）は，設計ワークフロー（設計工程の流れ）と技術カテゴリー（技術知識の大区分）を参照視点とするマトリックスに基づいて分類できる．表A-3に知識分類のマトリックスと主要な技術知識（マトリックスの各成分）を示す．

表A-3　LSI設計シミュレーションの主な技術知識とその分類マトリックス

技術カテゴリー／設計ワークフロー（設計工程）	設計一般知識	モデル	シミュレーション
STEP 1 ①回路モデル作成	半導体回路	回路モデル	
STEP 2 ②システム検証			システムシミュレーション
STEP 3 ③デバイスモデル作成	半導体デバイス	デバイスモデル	
STEP 4 ④回路検証			回路シミュレーション
STEP 5 ⑤インターコネクトモデル作成	インターコネクト	インターコネクトモデル	
STEP 6 ⑥LSI全体回路検証			大規模回路シミュレーション

〔3〕 トピックマップの構成

技術知識を組織化・体系化するための基盤としてLSI設計シミュレーションやモデルに関する概念体系（オントロジ）を作成し，トピックマップを用いて実装した．トピックとして技術知識を構成する専門用語，主要文献のキーワード，LSI設計用CADシステム（Computer Aided Design：CAD）に関する語彙を用いた．図A-1に概念体系の主要部を示す．ここでは，技術知識を構成する概念（図中の楕円）がトピック，概念間の関連（図中の双方向矢印）がアソシエーションに対応している．これらアソシエーションは独自に定義したものである．また，表A-3に対応して設計ワークフロー中の設計工程からの参照視点を番号（①～⑥），技術カテゴリーからの参照視点を楕円模様で示した．技術知識の実体（文献，技術文書，ウェブサイト，書籍，事例等の情報リソース）については，各トピックからオカレンスにより参照指定した．図A-2にその例を示す．また，技術者とその専門領域を関連づけるアソシエーション（専門家技術関係，expert-domain）を定義し，技術者情報（Know-Who）を構築した．図A-3にその例を示す．

〔4〕 知識共有システムとその実例

知識共有システムの基本構成を説明するため，図A-4にその例を示す．本システムは，

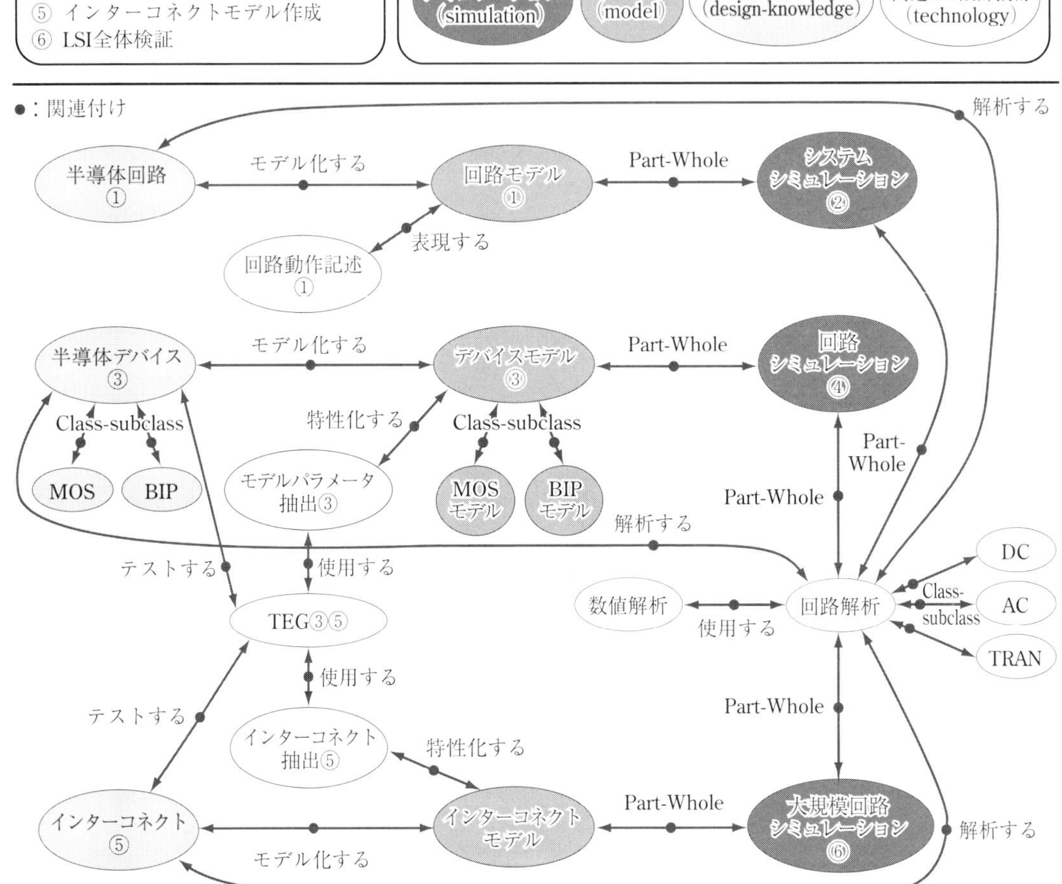

図A-1　LSI設計シミュレーションに関する概念体系の主要部

トピックへの参照視点を提供するナビゲーション層，トピックに対応するオントロジ層，オカレンスに対応するコンテンツ層の3層からなる．特にコンテンツ層は各トピックと1対1に対応したWebページになっており，アソシエーションを用いて定義したトピック間の関連に沿ってページ間に相互リンクを張っている．つまり，トピック間の意味関係に基づいて知識・情報を組織化・体系化している．ユーザはこれらのリンク

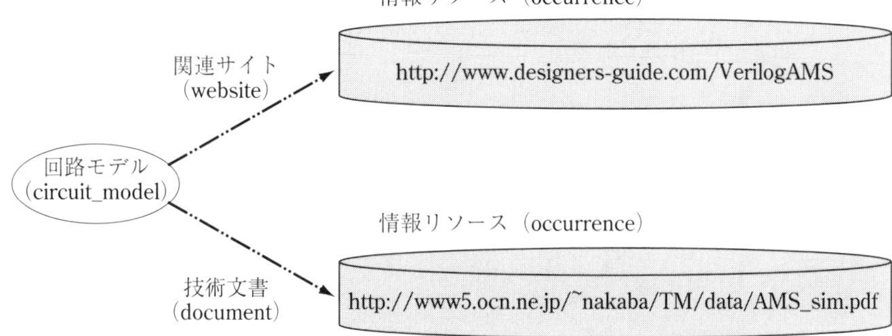

図 A-2　トピックから技術知識（情報リソース）への参照指定

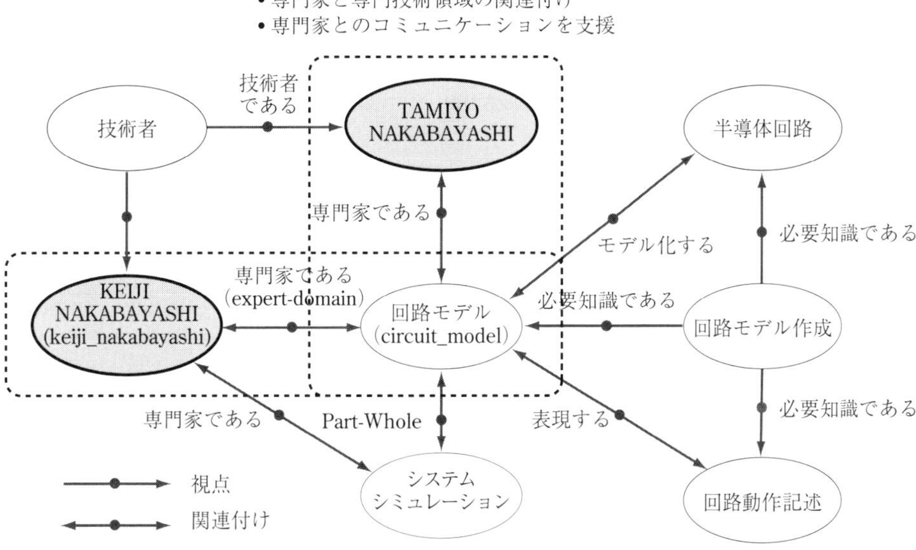

図 A-3　技術者情報（Know-Who）の例

関係に基づいて，トピックから関連するトピックへとナビゲーションを行い，必要な知識・情報を容易に手に入れることができる．

実例として図A-5に知識共有システムのメインページを示す．これはナビゲーション層に対応したページである．図A-6と図A-7にそれぞれ設計工程“回路モデル作成”，技術知識“回路モデル”のトピックに対応したページを示す．ここでは，参照視点，トピック名，定義，解説（公開主題指示子），コンテンツ（オカレンス），他のトピッ

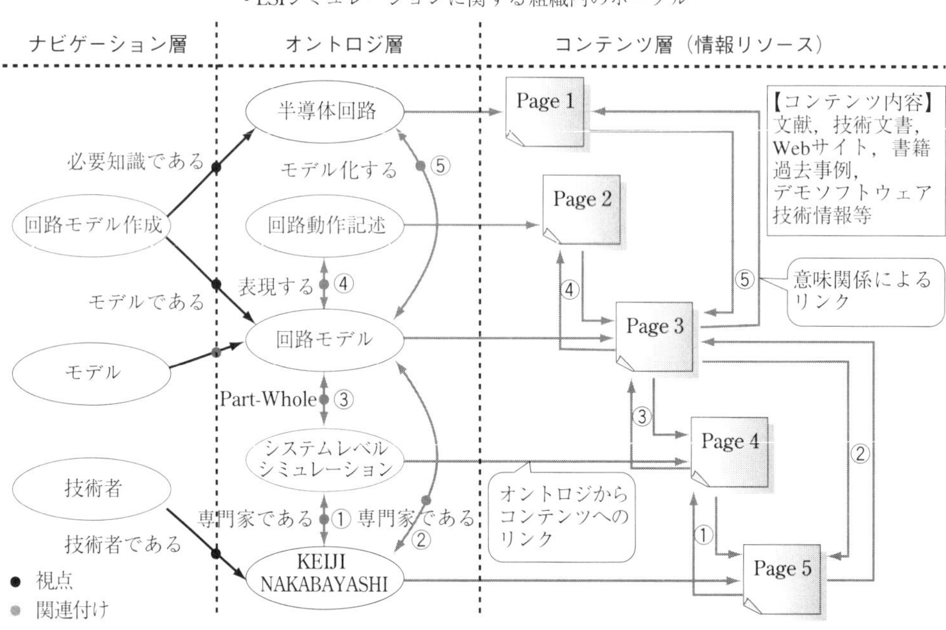

図A-4　知識共有システムの基本構成とその例

クとの意味関係（アソシエーション）を示している．また，図A-8には公開主題指示子の例を示す．トピックに対する定義や説明を明示するとともに，共通の知識基盤としての役割を果たす．

〔5〕 ユーザインタフェースの改良

前項では，基本環境としてOmnigatorを用いた知識共有システムのナビゲーション例を示した．本来Omnigatorはトピックマップの開発環境であるので，エンドユーザが使用するには操作が複雑である．そこで，XSLT（Extensible Style sheet Language Transformation）によりXTMをHTMLに自動変換した．図A-9にそのHTML版システムのページ例として，トピック“回路モデル”を示す．基本的なページ構成は，表A-3で示したLSI設計シミュレーションの主な技術知識とその分類マトリックスに対応している．また，図A-7のXTM版“回路モデル”と同じように“主題”（トピック）およびその“定義”と“解説”（公開主題指示子）を示している．また，情報リソースとして“イメージ図”，“関連サイト”および“技術文書”を示している．さらに，アソシエーションによる他のトピックとの関連付けに対応して“集約概念”，“モデル化対象”等の意味関係を示している．

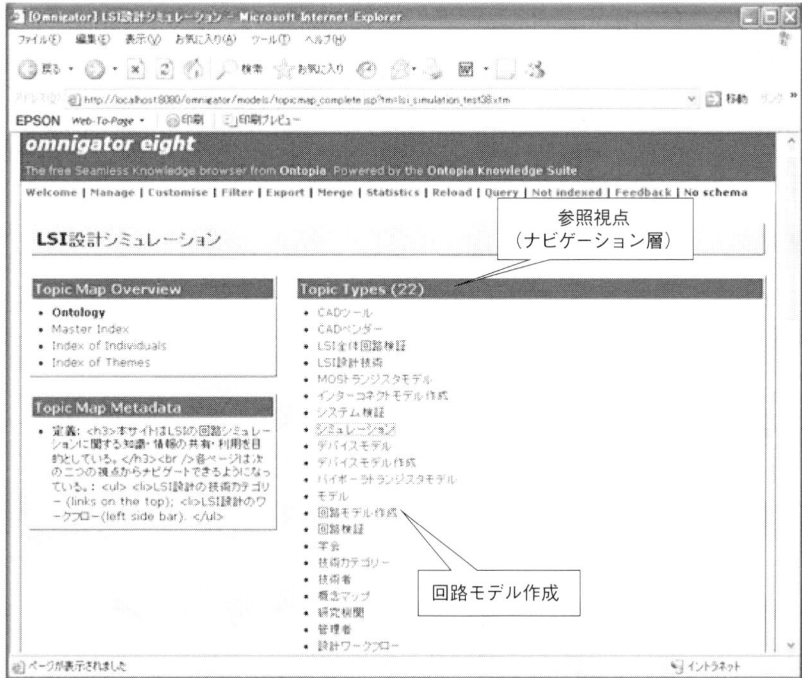

図 A-5　知識共有システムのメインページ

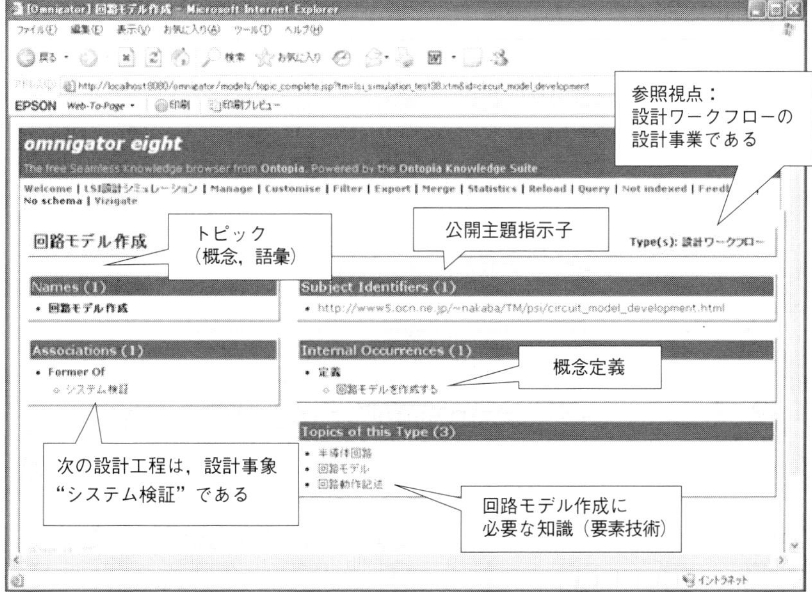

図 A-6　トピックのページ例：設計工程“回路モデル作成

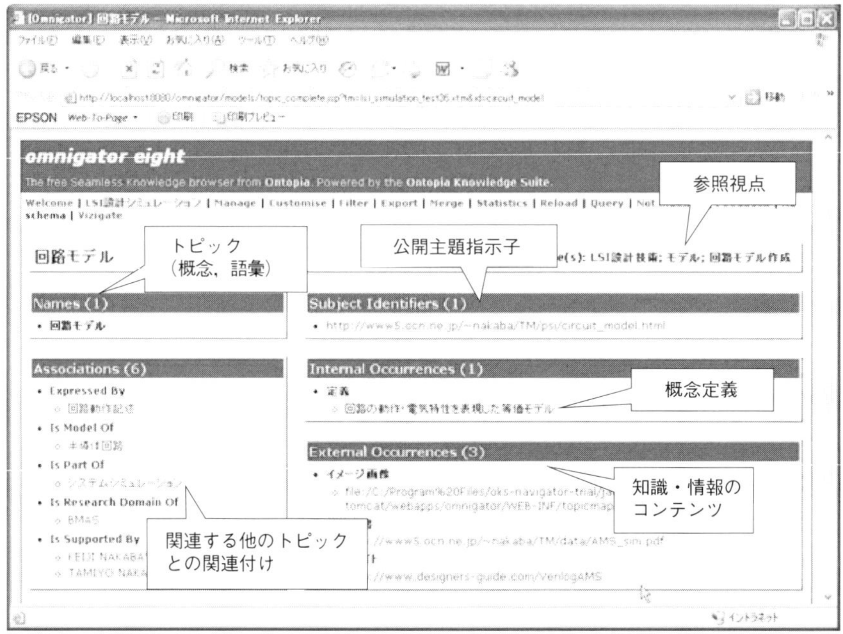

図A-7　トピックのページ例：“回路モデル”

- 公開主題指示子

① LSI設計の設計事象や要素技術に関する概念（主題，トピック）の定義・解説
② 専門用語（語彙）に対する共通認識
③ 共通の知識基盤としての役割

http://www5.ocn.ne.jp/~nakaba/TM/psi/circuit_model.html

Subject: CIRCUIT MODEL

PSID: http://www5.ocn.ne.jp/~nakaba/TM/psi/circuit_model.html

Description

- LSI設計のシステム検証段階において，LSIを構成する回路ブロックの動作・特性をモデル化する．これを回路モデルと呼ぶ．
- 回路モデルを記述するために，回路動作記述言語（ハードウェア記述言語とも呼ぶ）を用いる．
- 回路動作記述言語として，Verilog-AMS（Analog Mixed Signal）が最もよく使用されている．

Feedback: terios3868@bridge.ocn.ne.jp

モデル作成フロー

① モデル化する回路機能および特性を定義する．
② 回路動作記述言語を用いて，モデルを記述する．
③ テスト用回路（テストベンチ）を作成し，シミュレーションを行い，機能・特性が定義どおりになっているかどうか検証する．
④ もしトランジスタレベルの回路図があれば，その回路シミュレーション結果を用いて，特性パラメータをより正確に求める．実測データがある場合は，その値を反映させる．

Feedback: terios3868@bridge.ocn.ne.jp

図A-8　公開主題指示子の例：トピック“回路モデル”

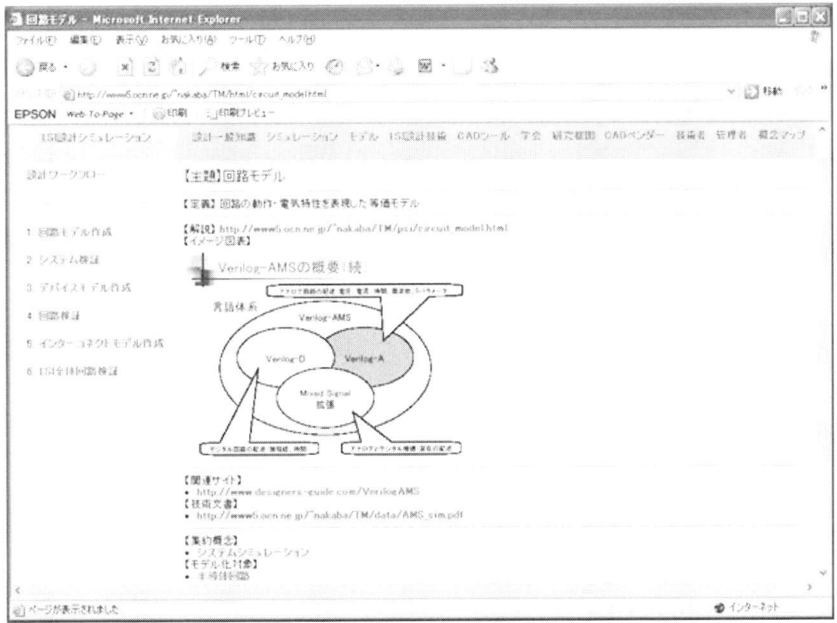

図A-9 HTML版システムのページ例：トピック“回路モデル

〔6〕 トピックマップの記述例

本例で作成したトピックマップおよびXSLTの記述例を示す．なお，XSLT記述にあたっては http://www.cogx.com/ctw/default.html のサンプルを参考にした．

- XTM記述例：http://www5.ocn.ne.jp/~nakaba/TM/source_code/lsi_simulation_test38.xtm
- XSLT記述例：http://www5.ocn.ne.jp/~nakaba/TM/source_code/lsi_sim_v108.xsl

A.1.2 バーチャルミュージアム

製 作 者　用の美システム研究会

対象領域　美術館

日本民藝館（東京都目黒区）は，国内外で収集された多数の民衆的工芸品（民芸品）を展示する美術館である．初代館長の柳宗悦は民芸品の美を再認識する民芸運動の中心人物として知られ，多数の民芸品のコレクションやそれらに関する著述を残した．民芸品に実用の美を認めた柳の視点を反映し，日本民藝館ではあえて展示品に説明を加えず，展示品の優美さがじかに訪問者の目に入るように配慮されている．

日本民藝館のウェブサイト [1] は，1995年に大武美保子がボランティアとして始めた．それ以降，大武を含む用の美システム研究会が，情報の更新やインターネット会員への通知などの運営を行ってきた [2]．その過程で，サイトを見たユーザから多数の要望を受けた．その中に，遠方のため展示の様子をWebで見たいという声や，海外のユーザで文字情報に依存しない視覚的な情報提供を望む声もあった．

そこで用の美システム研究会では，PhotoWalker [3] の開発メンバである田中浩也とともに，この手法を使って日本民藝館の展示を仮想的に見て歩くツアーのサイトを設けた [4]．PhotoWalkerでは，少しずつ重なり合うように撮影した一連のデジタル写真を並べてフォトコラージュとして表示する．フォトコラージュ内の写真を順にたどっていくと，撮影者の視点で空間内を移動する感覚が得られる．特にPhotoWalkerでは，部屋全体からクローズアップ写真へのつなぎなど，ダイナミックな視点移動を表現することができるので，ビデオよりも撮影者の視点移動を直接的に表現できるという利点がある．

PhotoWalkerを使った日本民藝館の仮想ツアーでは，各展示室ごとに12枚の写真からなるフォトコラージュが用意されている [4]．ウェブサイトの訪問者はフォトコラージュの中の写真を追っていくことで，展示室の様子を見ることができる．ただここで，仮想ツアーから日本民藝館サイトへのリンクがないため，展示室の背景情報にアクセスできないという問題があった．また2006年にウェブサイトの管理が用の美システム研究会から日本民藝館に移り，サイトが一新された．展示品の歴史的文脈など旧サイトにしかない情報もあるため，フォトコラージュのサイト [5] に加えて，新旧二つのサイトの間で対応関係を付ける必要が出てきた．

そこでトピックマップを利用して，新旧の日本民藝館サイトと，フォトコラージュを置いたサイトとの関連付けを行った．日本民藝館の八つの展示室を中心的なトピックとして，仮想ツアーと新旧ウェブサイトのページにアソシエーションを付けた．また大展示室での特別展の情報が更新のたびに蓄積されていたが，これをトピックマップで過去の特別展データベースとして整理した．トピックマップへのインタフェースにはOntopia社のNavigator Frameworkを利用した．

このプロジェクトでトピックマップを利用したことにより，複数の既存サイトに対して変更を加えることなく，既存サイトにある作品，人物，概念の解説などを整理することができた．トピックマップを利用する最大のメリットは，ウェブサイトを利用するユーザに情報を整理して提示できるようになることと考えている．

参考文献

[1] 日本民藝館，http://www.mingeikan.or.jp

[2] 大武美保子，七年目を迎える日本民藝館ホームページ，民藝，No.582, pp.28–32, 2001.

[3] H. Tanaka, M. Arikawa, R. Shibasaki, Extensive Pseudo 3-D Spaces with Superposed Photographs, IS&T Internet Imaging III and SPIE Electronic Imaging 2002, 2002.

[4] T. Kiriyama, M. Otake, H. Tanaka, J. Tokuda, H. Tanji, T. Matsushita, M. Arikawa, R. Shibasaki, Exploring Exhibit Space in a Personal Perspective: An Interactive Photo Collage of a Folk Crafts Museum, Designing Interactive Systems, pp.393–398, 2002.

[5] 日本民藝館フォトコラージュ, http://www.beausys.org/spex/index-sp.html

A.1.3 京都大學21世紀COE東アジア世界の人文情報學研究教育據點——漢字文化の全き繼承と發展のために：唐代研究ナレッジベース

担当者，組織　Christian Wittern，京都大学

対象領域　学術研究，人文情報学

〔1〕 アプリケーションの概要

最近では，漢字文献についても膨大な量のデータベースが構築され，検索可能になっている．しかし，それぞれのデータベースが個別に独立して開発されており，体系化されておらず，さまざまなインタフェースをもち，独立して運用されていることにより，データベースから受ける恩恵も限定されたものになっている．

本プロジェクトは，このような状況を改善するために，情報の包括的な電子アーカイブを新しい手段によって構築し，検索，分析，拡張可能にすることを目的としている．本プロジェクトは，5カ年計画で実施されている．対象としているのは，中国唐代の漢字文献である．初期段階では，テキストデータから始めて，順次，画像や動画・デジタル化された地図などによって増強していく．唐代ナレッジベースの最大の特徴は，各情報が柔軟で斬新な方法によって結び付けられる点にある．

技術的な視点から見ると，唐代研究ナレッジベースは，大きくは以下の三つの要素から構成される．

① 唐代文化に関する原典テキスト群．TEI（www.tei-c.org）のタグセットを用いてXML化し，それらをXMLデータベースに格納し検索可能にする．

② 事物・文章・発言，その他の多様な情報（いわゆるメタデータ）を管理するトピックマップ．

③ 原典テキスト，メタデータ，トピックマップ，その他すべての項目を結合し，ナレッジベースを運用するためのシステム．

これらの構成要素の開発は順次進められており，現在は限定された原典テキストへのタグ付けが完了し，トピックマップ，システムの開発，改善サイクルに入っている．これから，順次，対象とする原典テキストを増やしながら，量的な拡大，質的な改善サイクルに入っていく予定である．

ナレッジベースの全体の開発スケジュールは，基盤となる歴史資料の全般を整理しながら調整していくことになるが，重要性の高い順から進んでいく必要があるので，最初は人物に関する情報が対象となる．現在は，3年目に突入したところであり，電子化，マークアップ，情報の切り出しなどが，一部原典に対して済んだところであり，トピックマップ，システムの開発に取り組んでいるところである．

ナレッジベースは，以下のような情報軸によって構成される．

- 個人名，唐代の人々の事跡や履歴に関する情報
- 地名とその所在，行政区画の情報，デジタルマップ
- 文章・美術作品や建造物を含む，唐代につくられた作品に関する情報
- 暦と時間
- 重要事件とその影響

ナレッジベースにおける情報は，すべてではないにしても，これらの情報軸の複数にまたがるものが相当数あり，内部的に相互にリンクしつつ網目のような構造を形成している．加えて，これらの項目は階層オントロジを形成している．これにより階層内の位置や他の項目との相関関係からも情報を検索できるようになる．地理情報の場合なら，例えば都市の情報はそれを含むより広い範囲の行政単位に関連づけられ，人物情報の場合なら，家系図のほか，出身地，学統（僧侶の場合は授戒や嗣法の系統）にも関連づけられる．

このような階層データは，情報の検索と抽出効果を高めるために，さまざまな形で活用できる．具体的な例を挙げておくと，従来の検索ツールでは，則天武后政権下でのし上がった官僚の概要や，唐王室復権後にその官僚たちがどうなったかを調査することは困難であったと思われる．このような調査には何百人もの人物の伝記を広範囲

にわたって研究し，個々の事跡を追った上でそれらの包括的な概観を把握することが必要とされる．これに対してナレッジベースは，このような疑問に対してすべての関連情報を即座に集約し，しかもその結果をわかりやすく表示することも可能である．

歴史研究家の間でプロソポグラフィー研究として知られるこの種の疑問は，特にこのナレッジベースによって，家族関係・出身地・門閥情報を含む，唐代に活躍した広範かつ正確な個人データが完備した時点で公開されるだろう．

また白居易（白楽天）が任官中に出会ったすべての詩人や官僚たちを追跡して彼らの詩を分析することで，白居易が彼らからどのような影響を受けたかを見るという利用法も考えられる．この場合，この時代の詩をさらに白居易と直接面識のあった人物のものと，なかった人物のものと大別して，その上でそれらの詩を比較分析することもできる．

もちろんナレッジベースが提供しうる活用法や課題はまだまだたくさんある．ちょうど一枚の紙に書かれる内容が何ものにも制約されることがないのと同様に，ナレッジベースの構成は極力データに対して特定の解釈を押しつけないようにしようとするばかりか，むしろ相矛盾する観点の並存すら許容できるようにしている．

上記，主要な三つの構成要素のうちの特にメタデータについて記述する．上述のように，ナレッジベースのメタデータはすべてトピックマップで管理される．トピックマップは，任意の情報とその関係を記述することができ，極めて単純かつ抽象的な情報モデルに基づいている．この柔軟性と応用性は，メタデータ管理にとりわけ適しているといえる．メタデータの収集と処理は以下のように進められる．

- メタデータは可能な限り既存の電子化一次文献（『資治通鑑』中の固有名詞，または『新唐書』，『旧唐書』の経籍・芸文志（書誌目録），地理志など）から取得する．
- このようにして取得された情報を処理・精錬する．

例えばこれらのテキストから取得された固有名詞は，人名，地名の識別さえなされれば，より高度な情報を提供できるようになるだろう．地名は，位置や行政区画に関する情報をもった地理志やそれに近い資料から得られた情報と重ね合わせることができるようになる．似たようなプロセスは，伝記中の重要事項と関連づけてトピックマップの形に変換することで，人名に対しても適用できる．

- 他の資料（紙媒体・電子化データの両方）から得られた近代以前や現代の情報もトピックマップにしかるべき手段で編入する．その際，すべての情報項目の出処も明示する．

- 可能な限り，適用可能なすべての場所について地理的位置情報を追加する．これは地図をベースにした検索や，地名から地図上の場所の検索を実現するために利用される．
- 日付や関連情報もマークアップ・正規化する．これは対照年表や日付からの検索などを実現するために利用される．
- トピックマップ中のあらゆる情報は，原典テキストに含まれるより詳細な情報を探すのに利用することができ，また発見した情報をトピックマップに還元することもできる．

ナレッジベースシステムのトピックマップ関係のコンポーネントとして，トピックマップエンジンや編集用フレームワークの一つとしてとしては，Ontopia社のOntopia Knowledge Suiteの利用が考えられる．図A-10に，タグ付けした原典テキストの表示例，そして，図A-11に，原典テキストから作成したトピックマップの表示例を示す．

図A-10　タグ付けした原典テキストの表示例

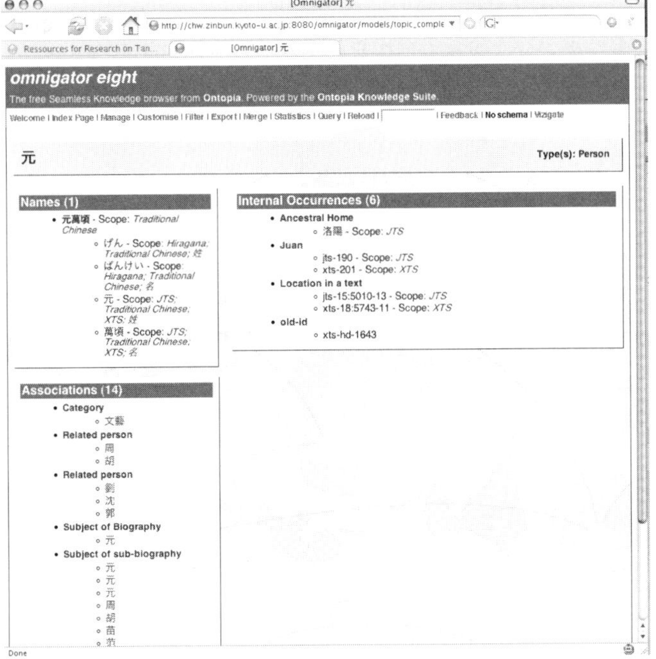

図A-11 原典テキストから作成したトピックマップの表示例

〔2〕 期待される効果

唐代研究ナレッジベースによって，情報への新たなアクセス方法が実現する．検索可能な情報が限定されていたこれまでの文字列検索に代わって，知識空間を自由に航行することが可能になるだろう．これはちょうど遺跡の発掘のように，情報の大海の中からまったく新たな発見をもたらしてくれるはずである．以下にナレッジベースによってできるようになることをいくつか例示しておこう．だがもちろん，可能性はこれらの例に尽きない．

歴史上の人物たちがどのように分布していたのかを，一定の高位を獲得した者と官吏とを異なる色で示しながら中国の地図上で表現することができる．その同じ情報を利用して，北方出身の人々と南方出身の人々とを対比させるなど，データベース全部（もしくは一部．例えば『全唐文』など）に対して絞り込みをかけることもできる．もちろん，詩の句末の文字に限定して検索をかけることもできる．このように利用者に対して，本文中で関心のある部分のみを的確に抽出するためにメタデータを重ね合わせる機能も実現してくれるのである．

ほかの用途では，高官を輩出している門閥の数やその出身地をたどってみるなど，高級官吏の社会的背景を比較してみるのも面白いだろう．

また，過去のある時期に，ある場所に在世していたすべての人物を特定するのも面白いだろう．例えば仏牙舎利が長安を更新したのがいつで，それがどのような形で記述に反映されているかを，当時それを見聞きしていた人物の著作から明らかにするなどである．

残念ながら，このナレッジベースが実現するには，長い時間と不断の共同作業を要し，近い将来にただちに達成されるものではない．当面の成果は，将来の開発のためのより深い考察に資するための試験環境用のプラットフォームの提供くらいになるだろう．同時に唐代研究ナレッジベースに興味をもつ学生のために，有益なサービスを提供することが予定されている．

A.1.4　ローマ法の現代的慣用時代の法学学位論文における師弟関係と主題のメタデータ

担当者，組織　津野研究室，中央大学
対象領域　学術研究，法学

〔1〕アプリケーションの概要

「占有の種類は，私たちのものでない物を取得する原因と同じ数だけ存在する．例えば，買主として，贈与された人として，遺贈された物として，嫁資として，遺産（相続財産）として，損害補償として，自己の物として，例えば，地上や海中または捕虜から捕獲した物，あるいは自分で，自然に在るものから作り出した物がそうである．要するに，占有することの種類（類）は，一つであるが，下位類型（種）は無数に存在する．」

上記は，D 41.2.3.22の試訳である．これが示すように，占有という概念には，さまざまな意味，視点が含まれている．占有を含めて，ローマ法をベースに法学の世界に存在している概念を整理，体系化することは，極めて野心的で実現までに非常に長い期間が必要であるが，それに取り組む意義も非常に大きい．

本研究の究極の目的は，法学の世界の概念を整理，体系化し，その中を自由にナビゲートできるようにすることである．手始めに17世紀，18世紀のドイツの大学法学部文献のデータベースからオントロジとトピックマップを作る．

原データとしては，17世紀，18世紀のドイツの法学学位論文の書誌情報を用いる．この書誌情報は，以前，目録印刷用のデータからデータベース化したものである．雑誌というのがなかった時代の学識法律家たちの主なコミュニケーション手段が，いわゆる「学位論文」だった．この標題に現れる情報から，当時の学識法のオントロジを構築し視覚的に理解可能で発見的な提示方法をWeb上で提供するのが，この研究の最初の目標である．

現時点は，MySQLによるデータベースの整備と，OKS（Ontopia Knowledge Suite）やProtégéを用いて，トピックマップの試作をしている．コンピュータ処理の道具として，RacerやLispも使いたいと考えている．

ローマ法の語彙とオントロジは英米法にとってもヨーロッパ法にとってもその他の国にとっても共通語として重要である．「オントロジはどの言語で書いても同じである．たいてい英語で書かれるが，地域化すればよい」というのは，法にかぎってはあてはまらない．ラテン語が中心である．現代的慣用の語彙を武器に古典法の法源史料に向かう予定である．

法学学位論文の書誌情報の項目を以下に示す．

1. 請求記号
2. 学位請求者名
3. 出身地名
4. 主査（指導教授）
5. 標題
6. 大学名（地名）
7. 討論（口述試験）の日付
8. 印刷出版地名
9. 印刷出版者
10. 印刷出版年
11. 文献類型
12. 主査の肩書（標題に記載された）
13. 体系分類（MPIの表による）
14. 自由索引語Keywords
15. 文書ID
16. 正規化された人名
17. 正規化された日付

これらは，トピックマップにおける主題の候補であり，これらを用いて，まず，最初の段階として，師弟関係，体系分類に重点をおいてトピックマップの作成に取り組んでいる．

図A-12に，この書誌トピックマップのOmnigatorでの表示例を示す．また，図A-13にVizDesktopでの表示例を示す．

〔2〕 期待される効果

これまで，法学の世界へのIT（Information Technology）適用は，あまり積極的に行われてこなかった．トピックマップのような概念（主題）を処理対処にする技術の出現により，傾向が大きく変わる可能性がある．複雑に関係しあっている概念間の関係を体系的，視覚的に表現可能になり，いろいろな視点からの分析が可能になると考えられる．

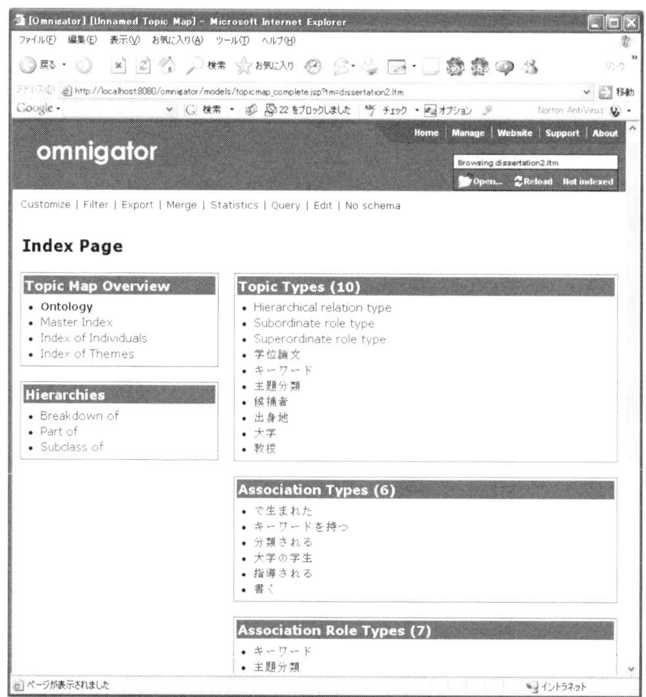

図A-12　法学学位論文トピックマップのOmnigatorでの表示例

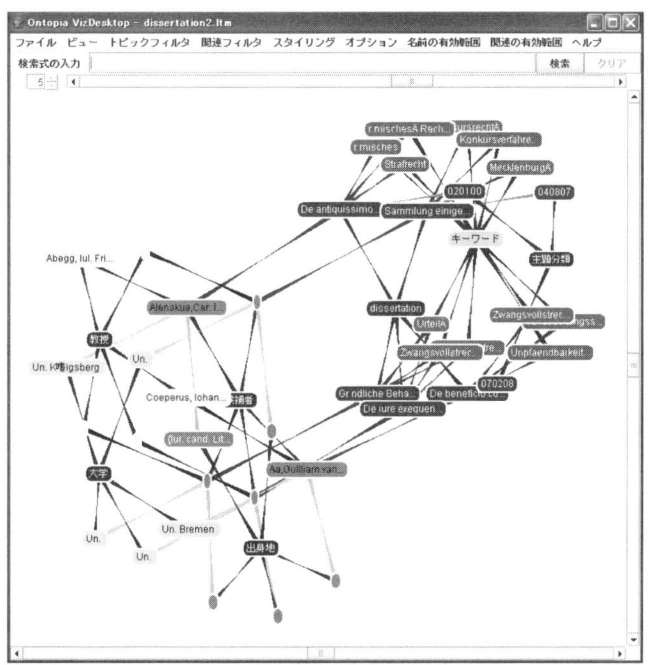

図 A-13 法学学位論文トピックマップの VizDesktop での表示例

A.1.5 ソフトウェアライフサイクルプロセスを支援する知識管理環境 ―「トピックマップに基づくアプリケーションフレームワーク」の適用―

担当者，組織 株式会社ナレッジ・シナジー

対象領域 ナレッジマネジメント

〔1〕トピックマップに基づくアプリケーションフレームワーク

株式会社ナレッジ・シナジーでは，「トピックマップに基づくアプリケーションフレームワーク」を提唱している．アプリケーションフレームワークを実現するための主な技術要素として以下のものがベースになっている．

- RDF，Topic Maps：意味的に構造化されたデータ
- Published Subjects：任意の概念（主題）をグローバルに同定

- オントロジ：分類，体系化された概念（知識）
- Remote Access Protocol：ネットワーク上でのfragmentの交換，統合
- Query Language：RDF，Topic Mapsの検索，更新

個別に作成され，ネットワーク上に分散して存在しているトピックマップやオントロジを，同じ主題の基点に結合することができれば，それらの有用性は格段に高まる．トピックマップやオントロジなどが扱っている主題をPSI（Published Subjects Indicator）にすることで，それが可能になる．図A-14にアプリケーションフレームワークの知識/情報構造を示す．PSIを基点に同じ主題をもつトピックマップ，RDF，オントロジなどが結合される様子を示す．また，アプリケーションフレームワークのシステム構造を図A-15に示す．

アプリケーションフレームワークの主な機能要素は，トピックマップの生成，作成/編集，情報リソース登録，蓄積，検索，出力/表示，フラグメント交換/マージ，他のアプリケーションとのインタフェース，データインタフェース，ユーザインタフェースなどである．各機能要素間のインタフェースは，標準に準拠し，オープン性，拡張性を確保している．そして，要素単位でのリプレースを可能にしている．アプリケーションフレームワークは，多くのアプリケーションに対応でき，経済的なシステム構築が可能になる．

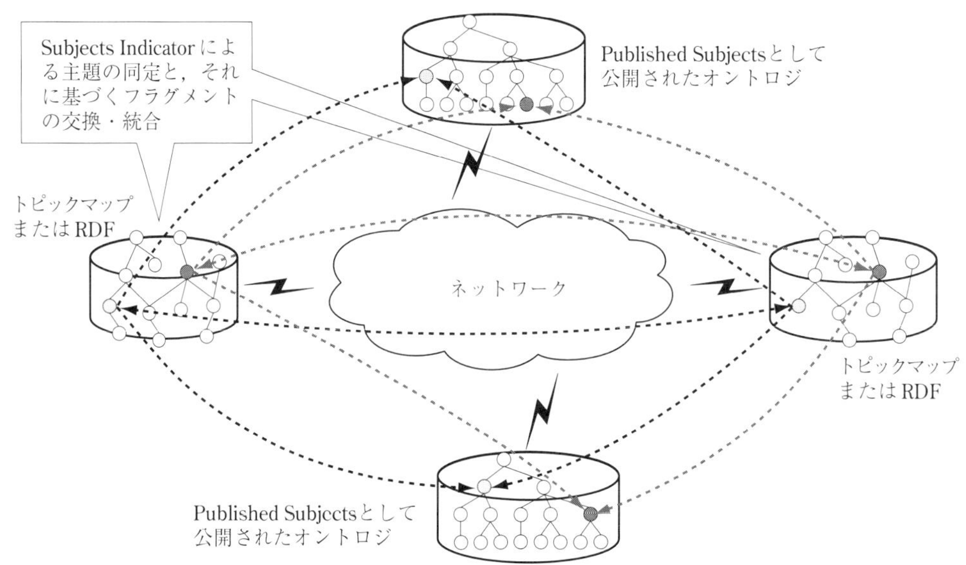

図A-14　アプリケーションフレームワークの知識/情報構造

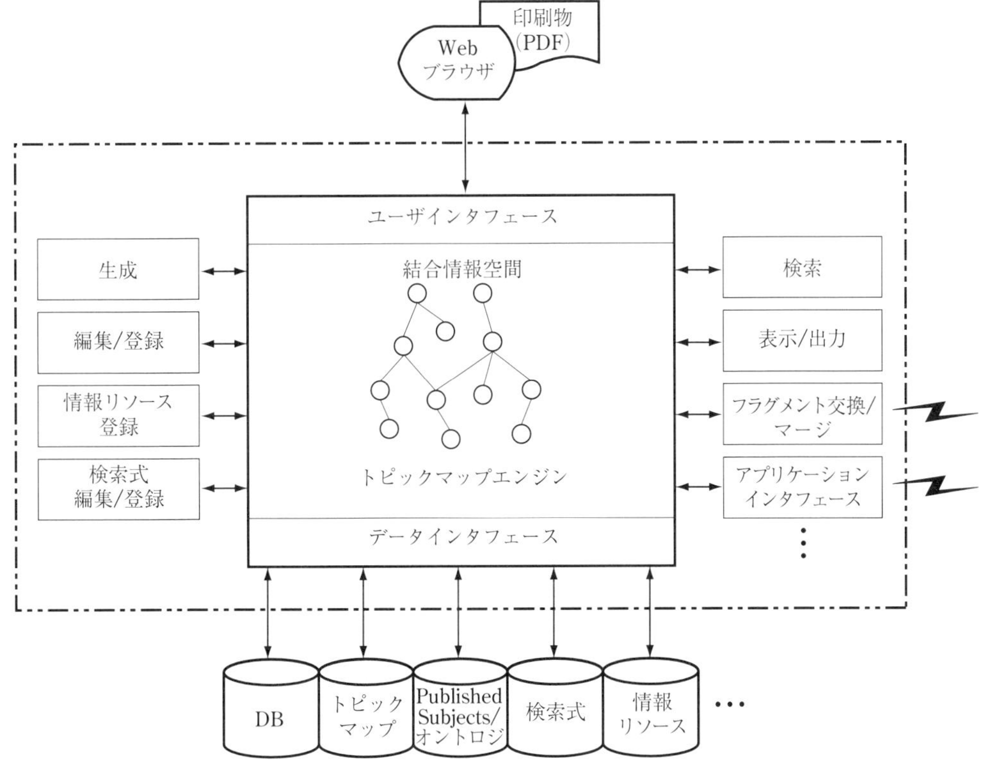

図 A-15　アプリケーションフレームワークのシステム構造

〔2〕ソフトウェアライフサイクルプロセスを支援する知識管理環境

ナレッジ・シナジーでは,「トピックマップに基づくアプリケーションフレームワーク」に則って,ソフトウェアライフサイクルプロセス全般にわたる活動を支援するための知識管理環境の構築を進めている.

ソフトウェアライフサイクルにおいては,さまざまな主題が存在し,それらは相互に関連し合っていて,ソフトウェアプロジェクトの管理を困難なものにしている.主題の一例として,ソフトウェアライフサイクル,ソフトウェア,組織,プロジェクト,人,編成,各種情報技術,ビジネスロジック,ドキュメント,顧客,標準,問題点,解決策などが考えられる.それらの主題,および,主題間の関係を管理し,ソフトウェアライフサイクルプロセスにおける活動を支援するのにトピックマップは適している.

ソフトウェアのプロセスモデルとして，我々は，ISO/IEC 12207 Software life cycle processes（SLCP）を採用している．もちろん各組織固有のプロセスモデルに置き換えることができる．SLCPでは，作業をその粒度により，プロセス，アクティビティ，タスクの三つのレベルに分けている．プロセスはアクティビティにブレークダウンされ，アクティビティはタスクにブレークダウンされている．我々は，SLCPの各作業をトピックとし，作業間の関係を関連とするトピックマップを作成した．そのトピックマップに対して，トピックや関連（要員や作成ドキュメント）の入力，編集，検索，表示，出力などの機能の開発を順次進めている．

〔3〕 期待される効果

ソフトウェアライフサイクルプロセスを支援する知識管理環境を構築することにより，プロセスモデルの枠組みに基づいて，個々の作業に必要な知識，ノウハウ，スキル等を整理蓄積し，組織で共有/継承していくことが可能になる．個々の作業と人的ネットワークをマージすることにより，プロジェクトリーダを含めその作業を実施するにふさわしい知識，スキルをもった要員を見つけ出しアサインすることや，ある作業を実施するのに必要な知識，ノウハウ，注意点，標準，ドキュメント，過去の事例などに容易にアクセスできるようになる．それにより，作業の質，効率の両面の向上が期待できる．

A.1.6　ブログにおけるトピックマップセマンティックマネジメント

担当者，組織　Sachit Rajbhadari，アンドレス研究室，国立情報学研究所
対象領域　　　ナレッジマネジメント

〔1〕 アプリケーションの概要

本アプリケーションは，ブログ（blog）に含まれる意味を抽出し，トピックマップに基づいて整理，体系化し，視覚化して提供可能にするものである．

ブログは，他の資源へのハイパリンクを含む，非常に独断的な個人の意見を提供するウェブページである．多くの場合，ブログは，オーサリングツール付きで維持され公開されたエントリーが時間的順序で並んでいる．

本アプリケーションは，トピックマップについての議論，オンラインコミュニティーの維持，グローバルで協調的な環境における知識管理の支援，公的イベントへの反応

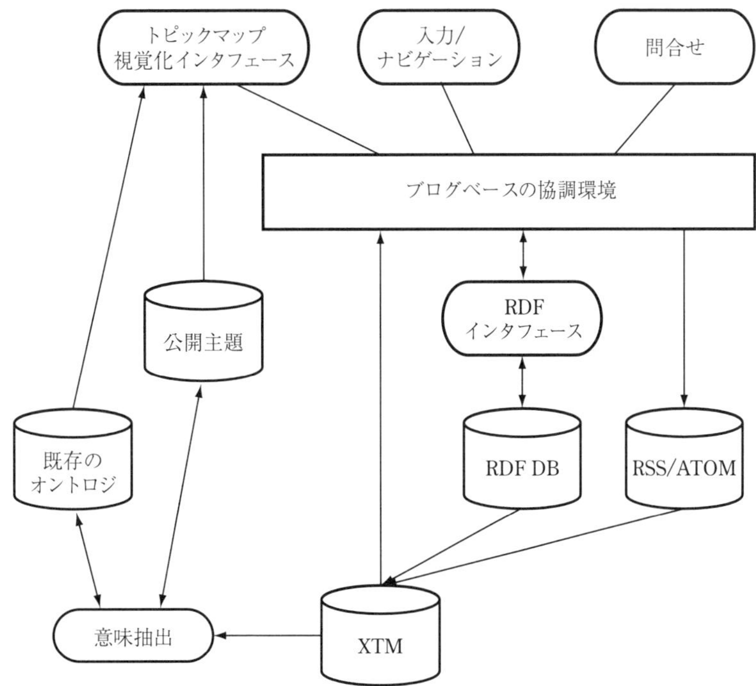

図 A-16 ブログからの意味抽出の全体的なシステム構造

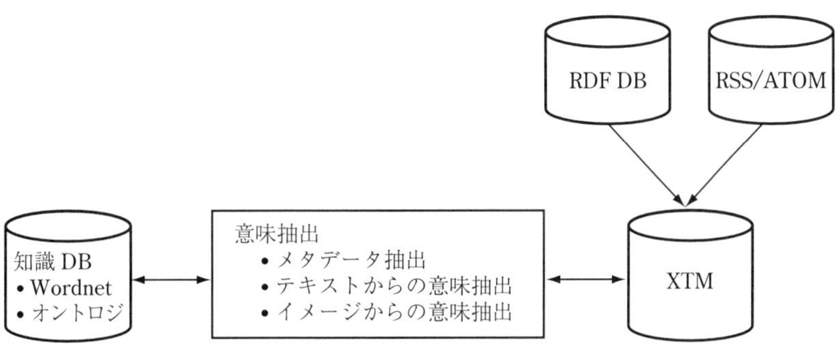

図 A-17 意味抽出の部分の詳細構造

のモニタリング，次世代マスメディアの選択肢の一つなどに利用することができる．

ブログからの意味抽出の全体的なシステム構造を図A-16に，意味抽出の部分の詳細構造を図A-17に，そして抽出した意味要素の視覚化例を図A-18示す．

図A-18　抽出した意味要素の視覚化例

〔2〕 期待される効果

知識を管理するためには，前提として，まず知識を入力する必要がある．ブログを利用することにより，知識の入力を促進する効果が期待できる．

ブログのコンテンツから，含まれている意味を抽出し，それらをトピックマップとして整理体系化することにより，知識を有機的に結び付けることが可能になり，知識の形成過程を支援することができるようになる．

体系化した知識を，視覚化表示することにより，直観的で理解しやすいユーザインタフェースを実現できる．

A.1.7 小学校用の主題語彙とその表示のためのディレクトリ型インタフェース

担当者，組織 杉本・永森研究室，筑波大学
対象領域 語彙管理

〔1〕 アプリケーションの概要

情報資源のアクセスサービスを実現する際に必要となる主題語彙の作成，および，主題語彙についてのディレクトリとそのインタフェースを作成した．具体的には，小学校で扱う語彙について，日本語，中国語，韓国語の多言語表現，低学年用，高学年用に別表現を用いたことにより，同一の概念（語彙）に対して複数の表現を可能にした．表現に合わせて複数視点からのディレクトリインタフェースを提供することにより，より柔軟な情報接近を可能にし，情報サービスの有用性を高めた．システムの全体像を図A-19に，語彙トピックマップのOmnigatorでの表示例を図A-20に示す．

〔2〕 期待される効果

トピックマップを用いて主題語彙を体系化した．また，主題語彙の多言語化，対象者別の表現も実現した．それによる複数視点からの情報アクセスが可能になり，より

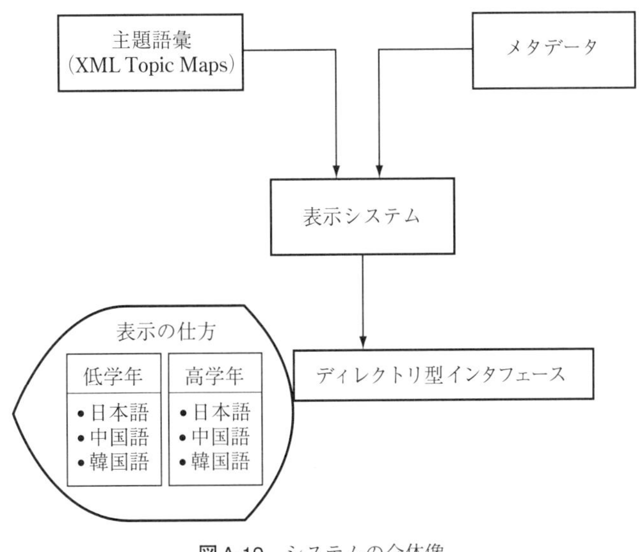

図A-19 システムの全体像

図A-20　Omnigatorでの語彙トピックマップの表示例

適切な情報サービスの提供が可能になると思われる．

A.1.8 「知のコンシェルジェ」──百科事典の知識体系をビジュアルな検索に応用──

担当者，組織　株式会社日立システムアンドサービス
対象領域　知識系コンテンツサービス
ホームページ　http://ds.hbi.ne.jp/concierge/index.html

〔1〕 アプリケーションの概要

これまで，事典・辞書・書籍など知識系コンテンツの検索サービス・製品では，“キーワードによる見出し検索や全文検索”が一般的に利用されてきた．その検索のスピードの速さとヒットの多さは，紙の書物では実現しえないものであった．しかし，ヒット件数が多すぎたり，探したいキーワードが思いつかず，なかなか知りたい事柄にたどりつけなかったり，また，文中のホットリンクをたどっているうちにコンテンツ

の迷路に迷いこんでしまうことも多くあった.

「知のコンシェルジェ」はこのような，もっと早く，もっと的確に，知りたい事柄にたどりつきたいという，人間の知識探求に応えることを目的として開発されたシステムである．ビジュアルな“体系化された知識”をコンテンツ検索の入り口として提供し，それを“手がかり”(検索インデックス）として，ユーザとシステムがインタラクティブにやり取りしながら，知りたい事柄を見つける手助けをする．ここでいう“体系化された知識”とは，見識者の知見に基づき関連づけされた知識群であり，書物でいえば，書物の内容（コンテンツ）を探すための“書名”,“目次（見出し)”,“索引”がこれにあたる.

図A-21に示す構成において,「体系化された知識」および「コンテンツプロファイル」の部分を，トピックマップにより実装した．「体系化された知識」では，例えば一般教養知識の体系の場合，百科事典の項目名と関連項目名，索引と項目名など，見識者が意味論的に関連づけをした知識の総体を表現している.

一方「コンテンツプロファイル」では，体系化された知識とコンテンツとの対応を定義している．例えば,「富士山」という知識に対して，百科事典の項目「富士山」と地図の地名「富士山」がコンテンツとして存在していることを示し，コンテンツのURLなど，各々にアクセスするための情報を含んでいる.

「知のコンシェルジェ」では，実際のコンシェルジェが顧客と対話するように,「手がかり」をやり取りしながら知りたい事柄を見つける手助けをする．「知のコンシェル

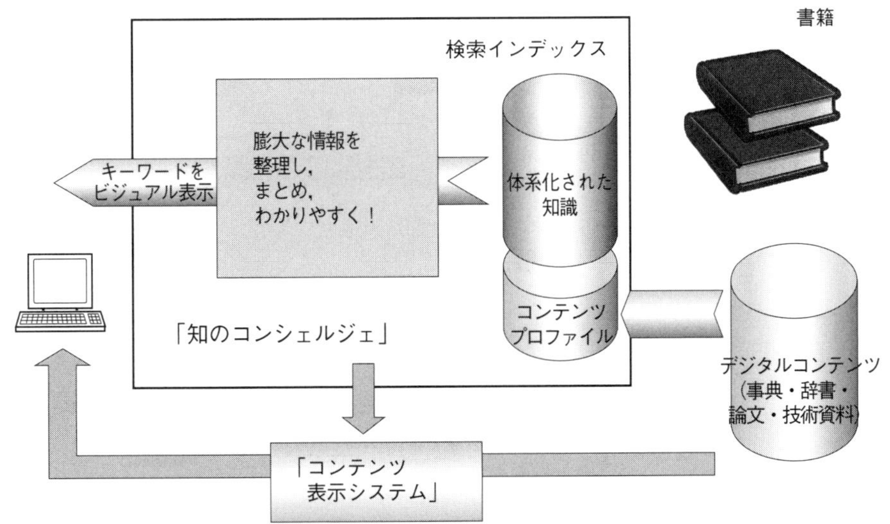

図A-21 「知のコンシェルジェ」の構成

ジェ」が提供する「手がかり」には以下の二つのものがある.

- 関連する事柄

  知りたい事柄の名前を思い出したり，知りたい事柄に近づいたりするための，「手がかり」. 事柄の名前を並べて表示したり，ビジュアルインデックスを用いて表示する.

- 事柄の概要

  見つけた事柄が，探していた事柄かどうかを判断するための「手がかり」. その事柄に対する説明文.

このうち，ビジュアルインデックスとは，関連する事柄の名前どうしをネットワーク状に表現したものであり，以下の特徴をもっている.

- 関連し合う事柄は線で結ばれている
- 関連し合う事柄は“どんな関係”なのかを表示している
- 関連し合う複数の事柄の全体像を見渡せる
- 次々と関連する事柄を広げることができる
- 中心に表示する事柄を変更することができる

図A-22は，一般教養知識における「富士山」にまつわるビジュアルインデックスの

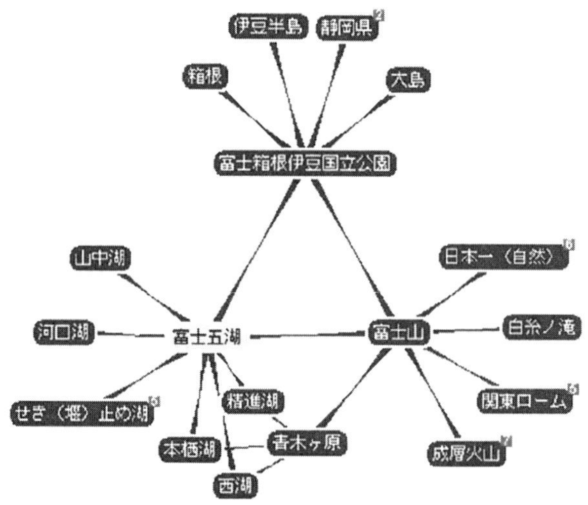

図A-22 ビジュアル表示された一般教養知識の体系

例である．

（1） 最初に「富士五湖」の関連を求めると，「富士五湖」の周りに「富士箱根伊豆国立公園」～「富士山」～「西湖」～「山中湖」等の関連が表示される．

（2）「富士箱根伊豆国立公園」をクリックすると「箱根」～「大島」等の関連が表示される．

（3） 同様に，「富士山」をクリックすると「日本一」～「成層火山」等の関連が表示される．

（4） このように，表示された項目をクリックすると次から次へと関連を広げることができ，また関連しあう項目の全体を見渡すことができる．

「知のコンシェルジェ」とは，このように体系化された知識をもとに，関連する事柄やその事柄の概要などを手がかりとして示しながら，利用者が目的の事柄を見つけ出す手助けをする．

〔2〕 期待される効果

「知のコンシェルジェ」は，体系化された知識をビジュアルな手がかりとして提供し，目的とする事柄に，早く的確にたどりつきたいという，人間の知識探求心に応えるものである．そのために，コンテンツの活用に関する文系的方法論をその知識の中核としていることが特徴的である．つまり，書籍の目次や索引のように，人の手により整理され保障された「知」をシステムが知識としてもっており，これを情報探索の入口として，利用者に提供することができる．

このことは，効果的なコンテンツ検索を実現するだけでなく，人が情報に到達するまでの方法を生み出す力の育成に役立つと考えられる．体系化された知識がビジュアルに提供され，それを用いてコンテンツの探索を行っていくことで，利用者はさまざまな事柄（情報）に対する「気づき」を得ることができる．この「気づき」を得る行為こそ，「知のコンシェルジェ」がもつ大きな効果といえる．

今後は，コンテンツサービス分野だけでなく，大学・教育機関での研究・教育分野，出版での編集分野および，一般企業でのナレッジマネージメント分野など幅広い分野に適用していき，各々における知識の体系化と，その利用者に「気づき」を与えることができるシステムの提供が期待される．

A.2　海外の事例

A.2.1　BrainBank Learning

担当者，組織　Cerpus
対象領域　E-Learning

〔1〕アプリケーションの概要

図A-23に示すように，知識を得ようとする過程では短期記憶から長期記憶へといかに効率的に移行させるかが重要となる．学習するための主要な要素として次の3点が挙げられる．

① 仕組み

何かを理解する上で，その仕組みや構造を知ることが最も大切である．図解を記し，難解な部分を別途説明（時には関係のある他の事柄を矢印で結んで参照）し，後で再度書き加えるなどして仕組みの理解に努める．

② 反復繰返し

ややもすればすぐに忘却の彼方に消え去ってしまう記憶をとどめておくための最も

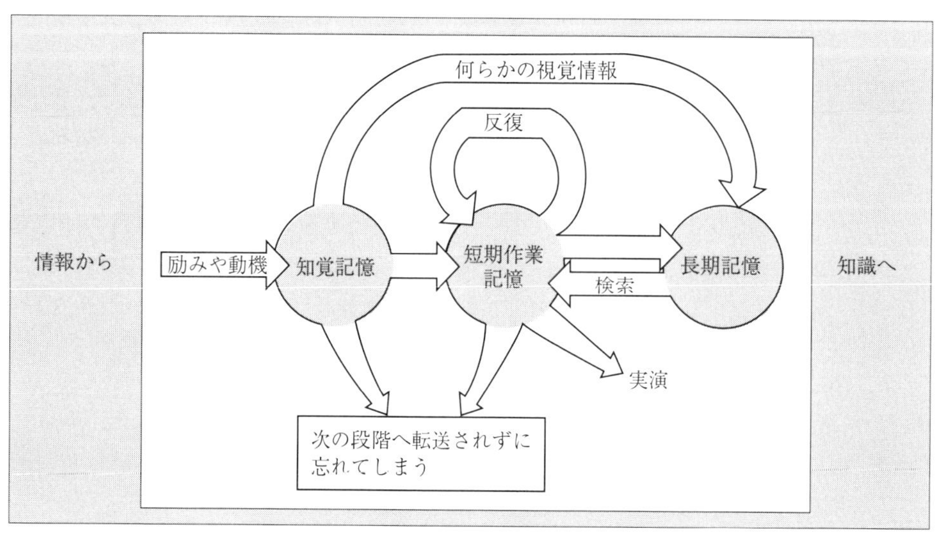

図A-23　学習過程

基本的で着実な方法．反面，退屈この上ない．作業と同時に見る・聞く・話す等の五感に働きかけると効果が高い．

③ 学習意識

習得しようという気がなければいくら時間をかけても何も頭に入ってはこない．好きこそものの上手なれといわれるように，興味をもって注意深く学ぶことが集中力を高め効率的に記憶する鍵となる．

昔から「ノートを取ること」が，何かを学習するための有効な方法だといわれてきた．前記の学習3要素は，「ノートを取る」ことを念頭に置けば容易にイメージができ，学習する方法として「ノートを取ること」がいかに理にかなっているかを証明している．そして，この先人の知恵を現代の電子ツールに置き換えたものがここに提案されるBBL（BrainBank Learning）といえるだろう．

BBLは，概念を学習するための直感的に理解できるツールであり，知識を自分のものとして蓄えさせてくれるトピックマップのオントロジをその核としている．BBLはCAL（Computer Aided Learning）ウェブアプリケーションであり，標準的なインターネットブラウザ上で動作するウェブをもとにしたトピックマップエディタである．

利用者は個々のIDをもって，アプリケーションを実行する．学んだトピック（キーワード）を入力し，BBLを使って記述する．トピックは，それらの間の関連を記述することにより結び付けられる（図A-24を参照のこと）．BBLのトピックや関連には，文書，画像，動画，音楽等のデジタル資源を付与することができる．これらの資源は，

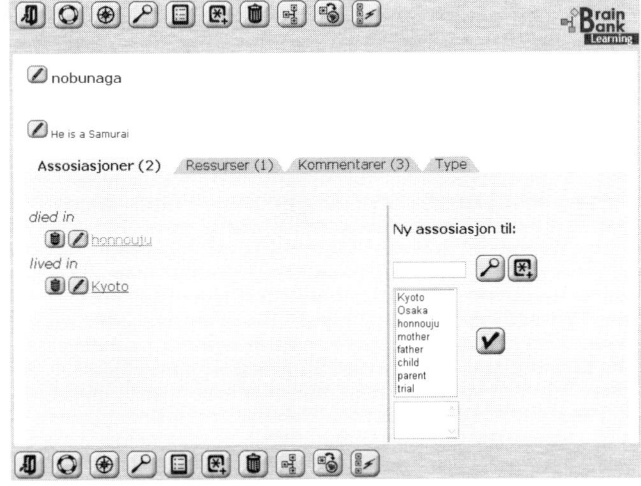

図A-24 BBLのインタフェース

BrainBankに保存することができる.

BBLは，学生が学習するときに，BrainBankにある自分の知識に学習結果を常に反映できるような意識にさせてくれる環境を備えている．また，学生はBBLを利用して自分の知識生産物を文書化することができる．これは，学生を評価するための新しい手法が開発され，BBLが理想的な教育のための近代的な形として示されたことを意味する.

ノルウェー教育研究省の支援を受け，BBLの教育潜在能力を学習するためのプロジェクトがAlsvåg小・中学校において8年生の生徒たちを対象に実施された．プロジェクトはTromso大学のPLP（Program for Learning and Pedagogy）によって評価された.

プロジェクトの報告結果によると，BBLは生徒にやる気を起こさせ，知識を組み立てる過程での学習に対しての意欲を高めることがわかった．驚くべきことは，生徒たちの年齢がこれほど低いにもかかわらず，認知の過程や学習意識に対して意欲を高める効果があったことに言及している点である．さらに教育上の観点から見て，トピックマップアプリケーションBBLは，連想学習と適応教育のための有望な方策となると報告書は結論づけている.

〔2〕 期待される効果

BBLは，すでにノルウェーの小学校，中学校の教育で使用されている．各自に配布されたノートパソコンに，生徒が新しく学習（獲得）した知識（概念）の入力および以前に獲得した知識との関連付けを容易に行えるインタフェースを提供することにより，知識獲得およびその知識の認識を深めることを支援している．コンピュータ内部には，知識およびそれらの関係がトピックマップとして記憶されている．トピックマップを意識することなしに，生徒一人ひとりが自分固有のトピックマップを作っていることになる．生徒は学習意欲が高まり，新しいものを学ぶときにより注意深くなり，先生は生徒の学習結果がより見えやすくなって的確な指導が可能になった，と生徒，先生の両方に評価が高い.

A.2.2 Topic Map for ONI

担当者，組織　Innodata Isogen
対象領域　　　諜報　危機察知　情報収集

〔1〕 アプリケーションの概要

（1） 挑　戦

米国海軍諜報局（Office of Naval Intelligence：ONI）は，常時傍受された通信情報やウェブサイトの不可解なメッセージなど膨大で細切れのデータを詳細に調べ分析している．そして，同じ情報であるのにスペルや意味や関連がそれぞれ異なって見える複合したデータの断片をつなぎ合わせていくのが職務となっている．例えば，連邦議会図書館によればMuammar Khaddafiという名前は32通りのスペルがあることがわかっている．

こういった情報からどのようにして不気味な前兆を察知し，適切な分析をして，適正な法的措置や軍の執行などの行動に結び付けられるような報告書を提供すればよいのか．

ONIは，データ間の複合した関連を意味として理解し，見つけようとする情報を正しく取得でき，迅速に有効な詳細報告書を準備することができるようにするためのツールとしてトピックマップを選択した．

（2） 解決策

ONIから依頼を受けたInnodata Isogenは，XMLを用いた高度な情報管理と分類化ツールに関する習熟した経験から体系的なアプローチを提起した．プロジェクトチームは，データを分類（taxonomy），オントロジおよびスキーマに体系づけて，関連性のある情報として検索できるようにするためにカスタマイズされたトピックマップツールの利用法をONIに示した．

（3） 実　装

まず，プロジェクトチームはサードパーティなどのツールを用いてウェブアプリケーションを構築することから始めた．このオーサリングツールは，トピックマップとオントロジを構築するのに利用されるカテゴリー生成を支援する．

同時に，ONIは，情報がどのように集められまた組み合わされるのかを決定するのに使われる要素を提供するためにビジネスプロセスと利用例の開発を始めた．この情報をもとにユーザインタフェースのモデルが作成された．

（4）実　感

最も悔やまれることの一つは，9.11の調査に関与するものだった．複数の関係機関がアルカイダのテロリスト情報をつかんでいたにもかかわらず，対応を間に合わせるためにその情報を他の機関と共用することも，また有効に使うこともできなかった．トピックマップを使っていたとしたら，複数のデータベースを検索し，データから新しい関連を見つけ出すチャンスもあったに違いない．

（5）将　来

新しく計画されているトピックマップにおいては，文書の要約を読むだけで，さらに詳細を読むかあるいは次の違う文書に移るかを判断でき，実際にファイルを開く手間を省くことができる．この新しい検索機能は，トピック全体にかかわることなく，特に興味のある特定の関連だけに焦点を当てることができるものだ．この機能の支援により，迅速に膨大な情報を解析できるようになり，高品質な諜報報告の供給が可能になり，緊急の脅威に対しての一刻を争う国家の対応に役立つことになる．

〔2〕期待される効果

複雑に分散した膨大な情報源から求める情報だけを抽出する情報検索の効率化が図れる．

A.2.3　The Y-12 Topic Map System

担当者，組織	米国エネルギー省Y-12国家安全コンビナート（National Security Complex）
対象領域	製造業　生産工程

〔1〕アプリケーションの概要

大規模製造業において，原料を加工して完成した製品にするまで，その構成部品と原料と製造設備は複雑に絡み合った関係になっている．また，設備も完備された工作機械も操作に熟練した職人も必要となる．米国エネルギー省Y-12国家安全コンビナート（以降Y-12と表す）は，幾分特殊な生産ラインを備えてはいるものの，その問題点は多数の先端技術産業の大規模製造業のそれと変わりない．何十年も前に製造された製品の維持に直面したY-12は，ある製品の部品を作るのに必要な工作機械は何か，もし工作機械が変わった場合どの製品が影響を受けるのか，迅速に答を出してくれるシステムを開発する必要に迫られた．提案された解決策は，製品の細部に至るまでの構成部品の製造の流れや利用可能な設備と工作機械の関係を処理してくれるトピックマップだった．

Y-12は，60年前から主な顧客である国防総省に納めるための極めて特殊な軍事製品の製造に専念してきた．たとえその製品が製造されなくなった後でも，米国備蓄品に存在する膨大な数の製品の維持管理に関して責任をもっている．何十年も前にやめてしまった製造法で作られた製品の構成部品（例えば経年劣化するプラスチック）を再生産して置き換えなければいけないこともある．したがって，どの製品はどのように製造されたか，どのような工作機械が使われ，それらは現在利用できるのかを常に知っておかなければならない．また，製品が生まれてからリサイクルや廃棄までの製品の一生を一貫して追跡管理しなければならない．例えば濃縮ウランなどは，国連の監視下におかれ通常の廃棄はできないことはいうまでもない．主要な製品に関して，20～30の完結した製造システムがある．また，数千の工作機械を備えた施設が広大な敷地内に分散している．

図A-25に，システムと部品のオントロジを示す．まず，大きく生産ラインと製造設備の観点に分けた．トピックマップとしては，製品のトピックマップと工作機械の10個以上のトピックマップを作成し，これらを併合した．表計算やデータベース等の資

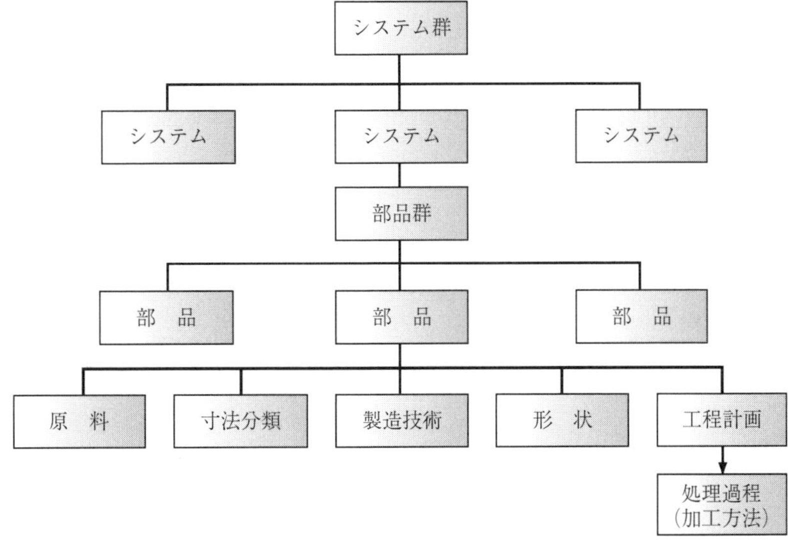

図A-25　システムと部品のオントロジ

源を統合するために，異なるシステムで管理していたNC（Numerically Controlled）工作機械等のExcelデータからHTMLを抽出し，XSLTスクリプトを用いてトピックマップ全体の構成要素となるXTMを構築した．製品からたどると，どの工作機械がどの部品にかかわるのかを知ることができ，工作機械からたどると，どの製品のどの部品を扱うのかを知ることができる．画面インタフェースとしては，システムメニューと工作機械メニューの2通りの入口を用意し，システムメニューから入るとすべてのシステムを縦断してすべての部品名と原料の一覧が表示され，工作機械メニューから入ると，作業場所，作業場所別在庫，工作機械，制御装置それぞれの一覧が表示される．図A-26に示すように，トピックマップを介してシステム，部品，原料，工作機械等のパスが張り巡らされており，必要な情報を関連づけて瞬時に取り出せるように工夫されている．実際の画面は機密事項のため公開できないので，例として自転車製造システムを図A-27に示す．図A-27において，部品のID，原料，可能な工程計画を作業場所と工作機械と作業時間によって示している．生産工程には興味がなく製品の詳細だけを見たい利用者のために，有効範囲が設定された関連を用いて製造の履歴か計画かを選択できるようにすることが計画されている．トピックマップに存在する情報は新しいものではないかもしれないが，トピックマップのモデルを利用することにより，すべてのものをすべての方法でリンクすることができ，既存の情報を新しい観点から見ることが可能になる．また，ほぼすべてのデータは既存の資源をもとに生成される．

将来的には，開発したトピックマップを拡張して，製造工程を稼動させるために必要なスキルと職人のレベルなど，実行環境の特徴を含めたものにしたい等のさまざま

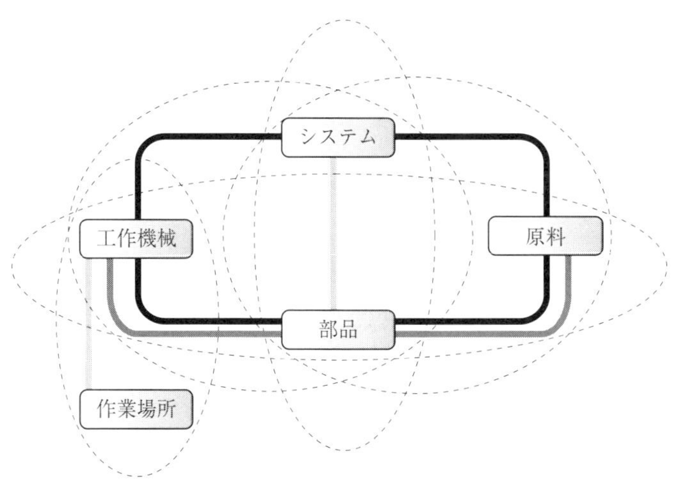

図A-26　トピックマップを介した複数のパス

Production Assessment —Parts

[Home][Bicycles][Parts][Materials]

Frame (Schwinn Classic 7)

Current Part Number:	**SW-CC7**
Former Part Number:	SW-CC6
Drawing Number:	SW-frm-cc7-01
Former Drawing Number:	SW-frm-cc6-01
Former Name:	**Frame (Classic 6)**

Material
Aluminum

Production Routing

Shop	Tool	Time
Metal	James Nasmyth Hammer 1 (Steam drop forge)	15 min
Metal	Cincinnati 10VC1000 (Machining center)	30 min
Frame	Grizzly G4006 (10" x 18"metal-cutting bandsaw)	30 min
Frame	RMD 300 S (Programmable tubing bender)	25 min
Frame	Lincoln TIG 185 (TIG welder)	20 min
Frame	Schwinn SC-J-724 (Frame welding jig)	3

[Menu]

図 A-27　部品の画面

な要望が挙げられている．システムはまだ初期開発の段階であるとはいえ，日々このプロジェクトから多くの新しい発見が生み出されている．

〔2〕 期待される効果

製品と工作機械との間を橋渡しするトピックマップを利用すると，どの製造システムが対象の部品を扱えるか，そしてどんな原料を必要とするかを瞬時に判断することができる．今までは，複数のシステムを切り替えながら，あるいは複数の倉庫にある書類を探しまわって判断する必要があった．したがって大幅な作業の効率化が見込める．

A.2.4　Topic Maps 4 E-Learning（TM4L）

担当者，組織　Darina Dicheva, Winston Salem State大学コンピュータ・サイエンス学部知的情報システムグループ

対象領域　E-Learning

〔1〕アプリケーションの概要

デジタルコースライブラリは，専門分野において学生の学習を支援する教材を備えた教育用ウェブアプリケーションである．セマンティックウェブ技術の利用により，デジタルコースライブラリ教材に対する検索・再利用・共用のすべてを実現可能にする取組みを行う．基本的な考え方は，概念を基本にしたものとオントロジ認識をするものの両方のライブラリを作成するというものだ．さらには，意味をもとにしたハイパーテキストを動的に形作る外部メタ構造を備えたトピックマップによるライブラリの実装を提案する．

プロジェクトの目標は以下のとおり．

- 資源位置と領域理解のための支援に加えて，自己学習のために信頼できる参照情報を提供するオントロジ認識デジタルコースライブラリを構築する機能をもつフレームワークの開発
- さまざまな学習対象を，標準をもとにしたオントロジ認識デジタルコースライブラリへと生成・維持・統合できるソフトウェアツールの設計・実装・評価
- コースライブラリの効果的な検索・閲覧・ナビゲーションを支援するソフトウェアツールの設計・実装・評価

TM4Lは，トピックマップをもとにしたオントロジ認識コース蓄積情報の生成・維持・利用を実現するE-Learning環境であり，以降に説明するTM4LエディタとTM4Lビューワを提供する．

（1）TM4Lエディタ

TM4Lエディタは，トピックマップ，トピック，関連，テーマの4セクションからなる（図A-28はトピックセクションのインタフェースを示す）．

① トピックマップセクション

トピックマップのメタデータ（タイトル，作者，作成日付等）を定義する．

図A-28 TM4Lエディタインタフェース

② トピックセクション

トピック（主題指示子，名前，型，関係資源）を編集する．すべての主題がトピックだとするトピックマップ規格はパワフルな考えではあるが，習熟した者でないと理解しにくいということを踏まえて，TM4Lではトピックを「概念」，「ユーティリティ」，「システム」の3種類に分ける．「概念」トピックは，特定の主題領域を表現するために必要であり，「ユーティリティ」トピックは，例えば学習用資源の別の型を規定するために，メタデータフィラーとして必要であり，「システム」トピックは，関連型や関連役割やその他のエンティティを示すために必要である．その他トピックの分類に関してさまざまな工夫を加えている．

TM4Lでは複数のトピック名が利用できる．主が一つで，代用となりうるものが複数ある．TM4Lで扱う4個の異形はそれぞれ，ソート，検索，表示，描画の各機能に利用される．また，XTM規格に従って複数のトピック型が許される．トピック型を表す方法には，既存のトピックを選択して自動的に表す方法と，手動で「親トピックパネル」上で親を追加して表す方法の2通りがある．資源型はLOM5.2学習資源型（例えば，練習，シミュレーション等）として規定した．

③ 関係セクション

関係とはトピックマップの関連によって表現されるもので，各関係は型と関係における役割に沿った1個以上のメンバをもつ．概念のクラスにおいて単一の視点をとるのではなく，3階層の基本的な概念を備えているので，概念の構造表現に幅をもたせることができる．例えば，Javaスレッドは，JavaVMの「部分」であるという関係として分類することができると同時に，ユーザレベルスレッドの「サブクラス」であるという関係として分類することもできる．異なる視点を可能にすることにより，トピックの異なる分類を形に表すことができる．

④ テーマセクション

文脈の概念は，「グループ分け」と「局所性」の二つの原理から導かれると考える．前者は関係するエンティティの断片を捕捉し，後者はさまざまな様相における局所原理を捕捉する．端的に言い換えれば，「一緒にする」と「取り出す」という意味になるといえるだろうか．TM4Lでは関係と有効範囲（テーマ）を用いて文脈を定義できる．テーマの概念は，単一の学習資源において複数の視点を表現し，複数の学習グループにおいて個人別の視点を提供することができる．テーマは，同一の情報セットにおいていくつかの異なる視点を定義するのに利用できる．例えば，初心者用の資源と，中級者・上級者用の資源とを分けて使えるので，異なる情報セットを異なるレベルの学習者に適用することができる．

（2） TM4Lビューワ[1]

TM4Lは一般的な情報学習支援ツールとして開発された．したがって，特定の知識分野に依存しない汎用的なユーザインタフェースを備える．目標は，トピックマップをもとにした学習内容ナビゲーションのために直感的でグラフィカルなインタフェースを提供することだ．余計なものは見せず，大切なものだけをわかりやすく見せるというコンセプトを重要視する．現在グラフビュー，ツリービュー，テキストビューという3種類のビューがサポートされている．グラフビューは，HyperGraphをもとにした意味的な表現が閲覧可能なグラフを備えている（図A-29参照）．情報の過度なローディングを減らすために，各作業工程で現在選択された対象に直接関係のあるトピックだけを表示するようにしている．加えて，グラフビューに表示されるトピックと結び付いた資源は表示しないようにして，混雑しすぎて明確でなくなるのを避けている．したがって，グラフビューはオントロジ対象トピック，関係，役割だけを表示し，資源は表示しない．

収集されたトピックマップ情報は，主題トピック・関連・トピック型・関連型・資源型・テーマという6個の視点から見ることができる．利用者は3種類のビューを駆使して関係のある情報に対して焦点を失うことなくたどっていくことで，内容の理解もしやすくどちらの方向に進めばよいか判断しやすくなる．

---

1. TM4Jオープンソースプロジェクトの一部であるTMNavをもとに実装された．

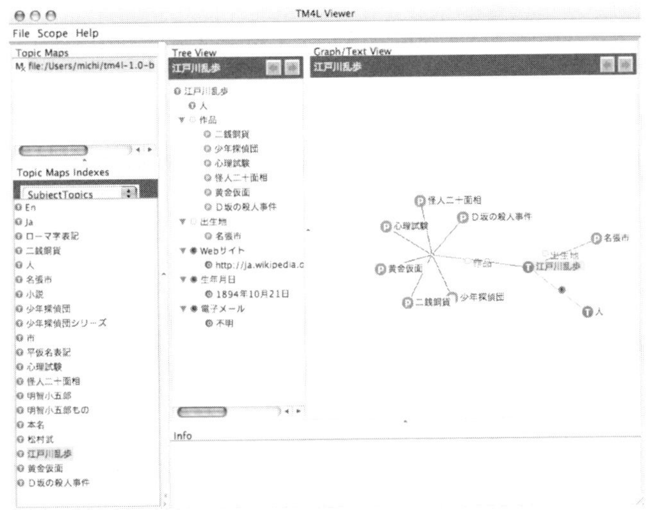

図 A-29　TM4L ビューワインタフェース

〔2〕 期待される効果

トピックマップをもとにしたコースウェアは次の利点をもつ．

- 学習者にとって

内容をもとにした学習資源の効率的検索，主題領域閲覧の認識最適化，情報の視覚化，カスタマイズされたビュー，わかりやすい説明，内容をもとにしたフィードバック

- インストラクターにとって

知識情報の効果的管理と維持，個人別コースウェア提示，配付コースウェア開発，学習教材の再利用と交換，共同著述の実現

A.2.5 Subject Centric IT in Local Government

担当者，組織 Gabriel Hopmans, Peter-Paul Kruijsen, Morpheus Software, BCT - The Document Store (BCT-TDS[2])

対象領域 地方自治体ドキュメント管理

〔1〕アプリケーションの概要

（1）紹 介

ON-TOPと名づけられたこのプロジェクトは，オランダ政府自治体のための既存の基盤とソフトウェアを統合した情報の主題中心編成（subject centric organization）に関するものである．主題中心ITソリューションは，トピックマップのアクセス制御リスト（Access Control List：ACL）を用いるとともに，主題をトピックマップオントロジに位置づけて体系化するアプローチの利点を活用することによって，既存の一般モデルを土台にしながらメンテナンスフリーなトピックマップポータルを構築することができる．

（2）自治体組織間のコラボレーション改善

オランダ政府機関は，それぞれの組織内および組織間においてコラボレーションを増加させる必要性を感じていた．それらの組織のすべての情報管理システムとウェブシステム間では多量の情報を交換しなければならず，そうした政府機関の「すべてを結び付ける」欲求がプロジェクトの契機となった．

（3）自治体組織処理統合

自治体はすべての異なるアプリケーションと情報資源を統合し，全体として概観することができず，標準化もされていない．全体の概観の欠如という問題を解決するためには，既存の基盤をそのまま残して，からみあった情報供給過程に存在するギャップを埋める必要がある．トピックマップは，メタレベルですべての主題を標準化し，個々の組織の重要なニーズをそのまま残すという形での統合フェーズに最適解を提供する．

---

[2] http://www.bct.nl

（4） 公開主題による主題中心編成

地方自治体の一般モデルと情報資源をもとにしてトピックマップを用いた開発が実施された．[Pepper and Garshol, 2002][3]のスクリプトとモジュールをさらに多少一般化させながらバージョンアップしたものを用いて100個超のテーブルに対応した．テーブル定義作業と並行して，トピックマップオントロジを開発しテーブルで定義されたすべての項目についてマッピングを施した．このマッピング処理のためにメタ・オントロジと名づけられた新しいオントロジが開発された．これらの取組みすべてにおいて公開主題が重要な役割を果たした．この拡張によって，今ではあらゆる地方自治体にすべての処理を対応させせることが可能になった．トピックマップが生成されるとき，それらはすべて併合され，結果として巨大なトピックマップのブラウザは自治体全体を見わたせる1個の全体ビューをもつ．そして，自治体内の異なる利用者グループは，最適な方法で目的のものを探し出すことが可能になった．

実際のプロジェクトの準備作業として，まずOKS（Ontopia Knowledge Suite）を用いてデータを作成し，重複したものやエラーや隠れたフォームをOKSを介して発見して解決した．利用者グループは，管理職グループ，職員グループ，顧客/ウェブサイト訪問者グループの3グループに分けられる．利用するのはどのグループなのかがわからなくても，また求めているものが何なのかわからなくても，利用者による主題中心の

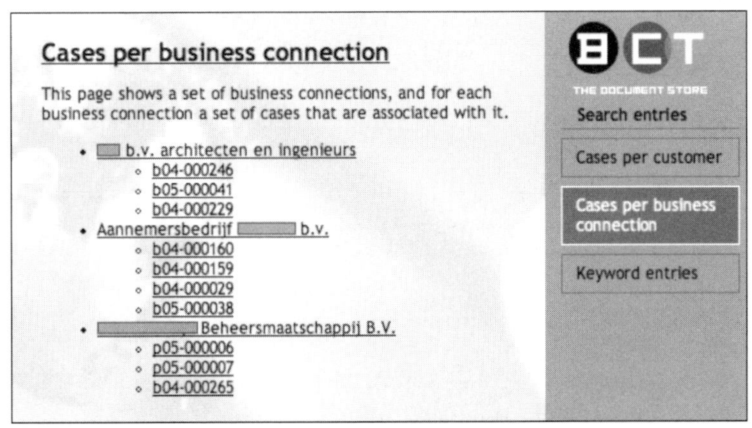

図A-30 OKSで動作するウェブアプリケーションの画面．右欄には3個の選択可能な検索エントリがある．左欄には取引先ごとの事例に関するトピックが表示されている．

[3] S. Pepper and L. M. Garshol, The XML Papers; XML 2002, December 2002, http://www.ontopia.net/topicmaps/materials/xmlconf.html参照．

選択は，「前もって知ること」なしにアプリケーションを動作させることができる．図A-30に示すように，ウェブアプリケーションの画面においては，利用者はそのナビゲーションパスの開始メニューを選択するだけでよい．図A-30において，利用者はトピックマップ内の「取引先」を閲覧することができ，どの事例が特定の取引先で進行中であるかを知ることができる．

（5）ソリューション：アプリケーション中心から主題中心へ

主題中心編成は，法律や条例を改変する際の政策分野においてさらに有用である．開発されたアプリケーションはウェブで閲覧でき，同じ環境から異なる対象グループに対してサービスを行い，既定のモデルを必要とせずに求められる情報を提供する．

トピックマップのLTM構文によって，どのトピックがどの利用者グループに対して閲覧可能かが記述され，ナビゲーションパスが図A-31に示すように定義される．このトピックマップでは，利用者の要求に基づいた利用可能なナビゲーションパスの開始点と終了点，および各利用者グループはどのトピックを見ることができるのかが定義されている．

図A-32は，利用者が属する利用者グループによって表示される情報が異なることを示している．この機能は，既定のものではなく，またプログラムによって制御されているものでもない．既知のOmnigatorに備わっているものと同等の機能である．この例の場合，管理職グループだけが“is confidential”の部分を閲覧することができる．

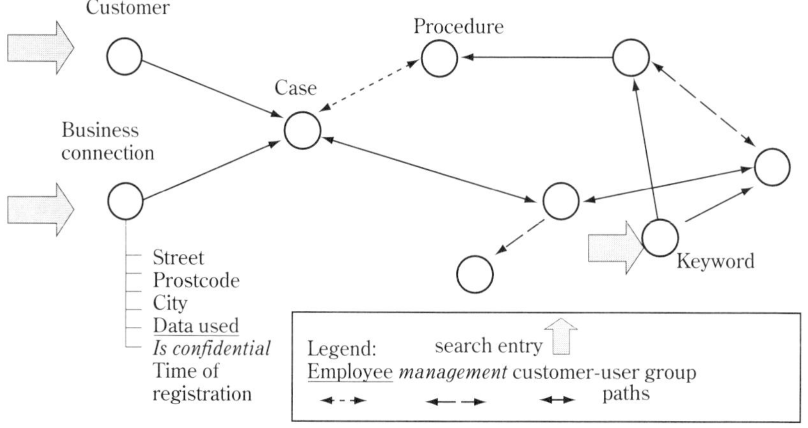

図A-31　異なる利用者グループに対するナビゲーションパスとトピックのACL（アクセス制御リスト）

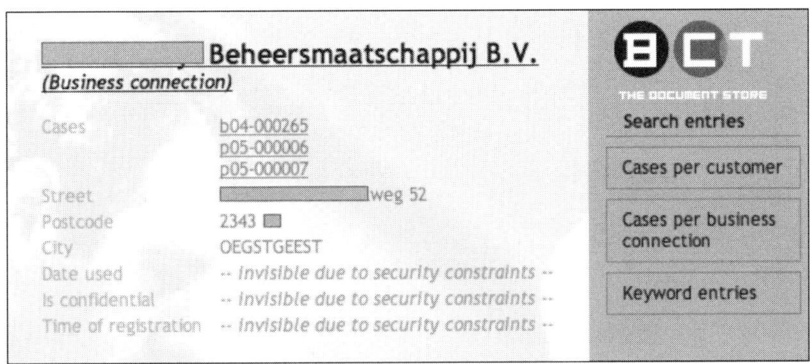

図A-32 利用者グループごとに異なる閲覧権限をもつ．例えばゲストユーザは，対象IDの住所のみを閲覧することが許される．

（6） 結論とこれからの作業

次のステップでは，さらに多くの検索エントリを定義し，動的情報機能（Dynamic Information Facility）をどのように既存のシステム機能と統合するかを考える必要がある．この機能によって，政策目標を維持管理しながら，関連する主題領域で組織を共同作業させて，情報を動的に公開することができる．

このトピックマップをもとにしたソリューション構築には，ボトムアップアプローチとトップダウンアプローチを組み合わせた2方向からの並行アプローチをとった．

既存の情報資源をもとにトピックマップを生成することは速やかな成功をもたらす．OKSとACLを用いたソリューションは，オントロジと問題領域の主題とのマッピング作業が完了すれば，オーダーメイドのウェブページとポータルを迅速に開発することができる．組織は新しい基盤を作る必要がなく，その代わりにすぐに統合化に関する設計を開始することができる．主題中心指向アプローチの利用者は（組織から何も供給してもらわなくても），独自の情報環境を構築することができる．

〔2〕 期待される効果

既存のフレームワークを統合してウェブでのアクセスを容易にするとともに，情報の管理を改善することができる．

A.2.6 IRS Tax Map

担当者，組織 Michel Biezunski, Infoloom, IRS（Internal Revenue Service: U.S.の内国税歳入局）
対象領域 ナレッジマネジメント

〔1〕アプリケーションの概要

（1）IRS Tax Mapについて

IRS（Internal Revenue Service: U.S.の内国税歳入局）Tax Mapは，税法に関する情報へのアクセスビリティを改善してほしい，というIRSの電話相談員からの業務ニーズに取り組むために，2002年にプロトタイプとして開始された．そして3年以上経て，現在の形へと成熟してきた．Tax Mapは，二つの技術，すなわち，意味統合とトピックマップ規格（ISO/IEC 13250）に基づいて構築されている．

（2）背 景

IRSは，1980年代後半から，税法情報の標準マークアップ言語の実装と構造化された内容の作成を始めた．SGML/XMLは，IRSがドキュメントの構文および構造を標準化することを可能にしたが，情報資源を統合するための新たな標準が必要とされた．IRSは，IRS Tax Mapのためにトピックマップを選択した．

（3）IRSのTax Mapの概要

IRSのTax Mapは，トピックマップを基礎としたWebページであり，納税者が関心をもつ主題に沿って情報を体系化するために設計された主題中心のデータベースの一種と考えられる．Tax Mapにおいて，各々の主題は，トピックページをもつ．このページは，主題についてTax Mapが知っているすべてのことにアクセスするための中心的な役割を提供する．主題に関連するフォーム，指示，出版物のみならず，関連する主題についてのトピックページへのリンクをもちうる．

Tax Mapの生産工程は，IRSのいろいろなグループによって作成されるいろいろな種類の情報に適合し，IRSの税の専門家やTax Mapの利用者からの入力やフィードバックを取り込む．トピックマップ規格の原則を厳守することにより，絶えず変化する条件のもとでも，活用され維持されることを可能にし，税に関する知識の価値を守る．

IRS Tax Mapのホームページを，図A-33に示す．

アドレスは，次のとおりである．

図 A-33　IRS Tax Map ページ

http://www.missouribusiness.net/irs/taxmap/tmhome.htm
また，より詳しい情報については，以下から参照できる．
http://www.idealliance.org/papers/dx_xmle03/papers/04-03-02/04-03-02.html

〔2〕 期待される効果

納税申告書記入に必要な情報は，多量な情報源にちらばっており，納税者は，項目に合わせて適切な箇所を見つけ出すために大変な労力を費やしてきた．トピックマップの適用により，必要な情報にたどり着くことが容易になり，納税者の負担を軽減することができる．

A.2.7　NZETC オンラインアーカイブ

担当者，組織　Conal Tuohy，New Zealand Electronic Text Centre
対象領域　オンラインアーカイブ

〔1〕 アプリケーションの概要

New Zealand Electronic Text Centre（NZETC）は，ニュージーランドと太平洋の島々のテキストや文化遺産資料の無料オンラインアーカイブを作成している．アーカイブは，常に増え続け，画像と，本の全文，原稿，および，ジャーナルなどの組合せを保管し，提供している．すべての情報資源は，オープンソースの枠組みの中で完全に検索可能であり，配信可能である．利用者は，ダウンロードやオンライン表示のために，複数のフォーマットから好みのものを選択できる．

Text Encoding Initiative（TEI）に基づくXML文書から，XSLTを使用してトピックマップを自動生成している．さらに，そのトピックマップをベースにWebページを構築し提供している．それにより，利用者は，情報空間をトピック（主題）に基づき自由に航行することができる．

〔2〕 アプリケーションの詳細

NZETCは以下の三つの使命をもっている．そして，スタッフによる最大限の費用対効果を上げるための努力が続けられている．

- ニュージーランドと太平洋の島々のテキストおよび文化遺産資料の，持続可能で，最適な使用可能性を備えた，無料のオンラインライブラリを作り出すこと．
- 訓練と能力開発を通して，デジタル資料の使用および作成に熟練したコミュニティーを作り出すこと．
- 共同製作者，および，サービス提供者として，他の組織と有効に提携すること．

NZETCは，Text Encoding Initiative（TEI）のガイドラインによってドキュメントをデジタル化する．さらにニュージーランド内の学術的な機関，アーカイブ，博物館および他の組織がTEIに従って自分の資料をデジタル化する過程を支援している．関連する標準についての情報も，バージニア大学図書館のエレクトロニックテキストセンターによって出版されている．

本，イメージ，および，コレクションは，ダイナミックに生成された意味的なフレームワークによって航行可能になっている．ニュージーランドにおける大規模なXML

トピックマップ（XTM）の最初のサイトである．ユーザは，単に直線的にあるいはテキスト探索によって資料を拾い読みするのでなく，興味のあるトピックを追跡することで，サイト上の資源をあちこち移動することができる．トピックマップでは，Webベースの資源は，ある主題を表す「トピック」の周りにグループ化される．NZETCトピックマップでは，トピックは，本，章，および，実例，さらに，本の中で言及されている人々と場所を表す．

トピックマップ中のトピックは，関連と呼ばれるハイパーリンクによって相互に結び付けられている．トピックマップの中には，実際の世界の中のさまざまな種類の関係を表すさまざまな型の関連が存在しうる．例えば，NZETCのトピックマップでは，特定の人を表すトピックは，その人に言及している本の章を表すトピックに結び付けられる．この関連は，それを示すために，“言及する”と名づけられるだろう．同様に，その人のトピックは，“描画する”関連によって特定の写真トピックに結び付けられるかもしれない．

トピックマップの構築には，XMLテキストファイルの各々からメタデータを抽出し，それらをXTMフォーマットで表現するために，XSLTスタイルシートを使用している．このようにして，各々のテキストを記述する何百ものトピックマップを自動的に作成している．さらに，コレクションの中で言及されているものから構築したMetadata Authority Description Schema（MADS）から人，場所，組織についての情報を取り入れている．最後に，Webサイトの全体を記述する統合されたトピックマップを作成するために，上記すべてのトピックマップを併合している．

Webサイト上の各ページは，任意の関連するトピックとともに，これらのトピックのうちの一つを表す．

NZETC Webサイト用のトピックマップフレームワークは，2005年5月5日の新しい情報アーキテクチャーの立上げ時に発表された．そのときのPowerPointのプレゼンテーション用スライドは次のURLから参照できる（http://www.nzetc.org/downloads/TM@NZETC.ppt）．

さらに，2006年10月のウェリントンのLIANZA会議での，PDFフォーマットのポスター発表資料は次のURLから参照できる（http://www.nzetc.org/downloads/lianza-poster.pdf）．

NZETCオンラインアーカイブは，トピックマップの併合，問合せに，オープンソースのTM4Jトピックマップエンジンを使用している．

図A-34に，NZETCオンラインアーカイブを作成のするための基本的な構造を示す．

また，図A-35に，NZETCオンラインアーカイブのホームページを示す．いろいろな主題からコンテンツにたどりつけるようになっている．

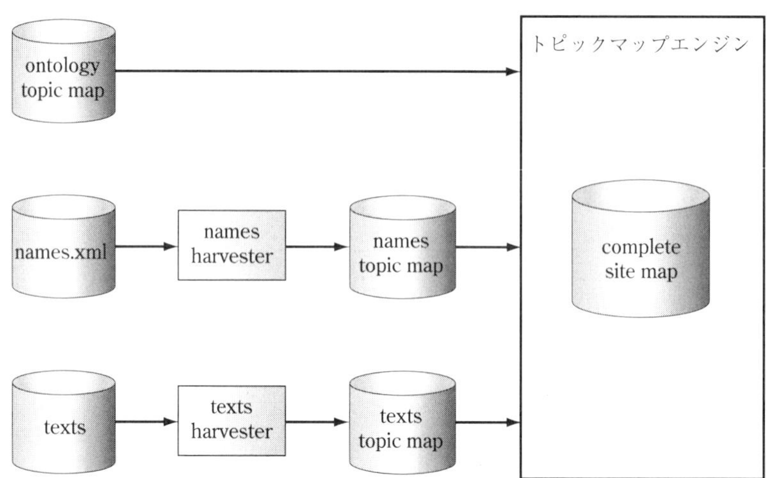

図A-34　NZETCオンラインアーカイブの作成概要

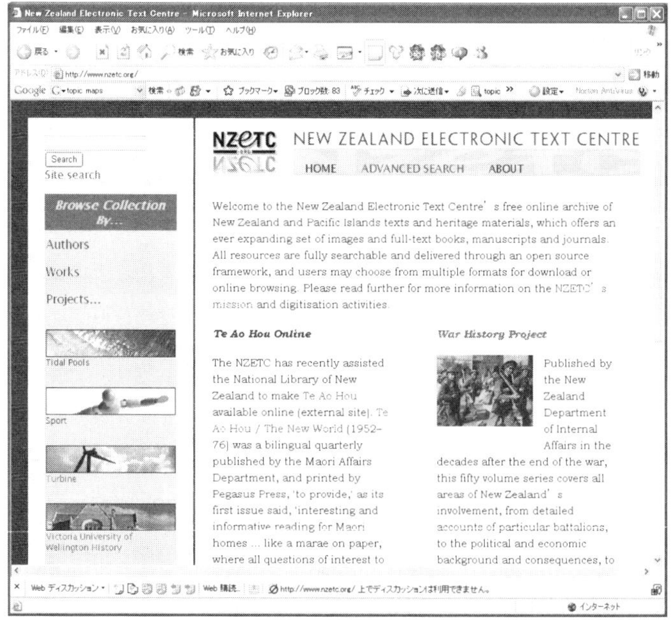

図A-35　NZETCオンラインアーカイブのホームページ

付録 B

トピックマップのTAO ——情報過多時代における検索手法——

著　　者　Steve Pepper
Ontopia AS 最高経営責任者

■目次■

■要約■

トピックマップは，知識構造を記述したり知識構造を情報資源と関連させたりするための新しい国際規格である．それは知識を運用するための実現技術を確立する．またの名を「情報宇宙のGPS」といわれるトピックマップは，相互に結び付けられた巨大な情報データベースをナビゲートしてくれる強力な新しい手段を提供するという使命も担っている．

トピックマップを利用して非常に複雑な構造を表現することができる上，トピック（Topic），関連（Association），出現（Occurrence）（これを「TAO」と総称）というモデルの基本概念はたやすく理解されることだろう．ここではTAOをはじめとするさまざまな概念（トピックマップのIFSやBUTS）に関する非技術的な面をご紹介する．読者の方々に身近な題材を出版や情報管理分野から例にとり，トピックマップの将来性を踏まえた活用方法を示そうと思う[1]．

■注記

本書の初版は，2000年6月に出版された．これはXTM（XMLトピックマップ）の開発より

[1] この文書の一部は同じ著者と論文[Pepper 1999]による会議の論文の準備稿に基づいている．

も前のことである．XTMの目的は，トピックマップ規格［5］をXMLやWebに適合させることだった．XTMがHyTM構文の代わりに提供するのは，トピックマップを表現するためのXMLに基づく構文であり，特定の概念，特に主題識別性に関連する概念を明確にするものである．

本書では，構文上の問題を注意して避けるようにしたので，トピックマップに関して現在二つの標準互換構文（HyTMとXTM）が存在することは問題とならない．しかしながら，概念を十分に明確にするためには本書を大幅に書き直すことが必要となるだろう．この改訂版では，XTMによる変更を反映するためにわずかな部分修正を施したが，読者には主題指示子の概念と，番地付け可能な主題と番地付け不可能な主題の間の区別とに特に注意を払った上で，［1］を参考にして全体像をつかむことをお勧めする．

本書に記載された概念を読んで興味をおもちの方は，［8］に示されるさらに詳しい記述をご参照いただきたい．トピックマップの実際の動作を見るには，汎用トピックマップブラウザであるオントピア・オムニゲータ（Ontopia's Omnigator）のオンラインデモをお試しあれ．興味のある方は，オムニゲータの無料バージョンをダウンロード（http://www.ontopia.net/download/freedownload.html）して，ご自身のトピックマップに試用されたい．

■経歴■

Steve Pepperは，高品質のトピックマップ・ソフトウェアの開発や，コンサルティングならびに研修サービスを専門に手がけている会社であるオントピアの創始者および最高経営責任者．

XML規定ファミリとXTMエディタ（XMLトピックマップ規定）を活用することにより，ワールド・ワイド・ウェブ（World Wide Web）に対するトピックマップの利用を促進するための研究を行っているパーティの独立コンソーシアムであるTopicMaps. Orgの創立メンバ．

SGMLおよびそれに関連する規格の開発を担うISO委員会であるJTC 1/SC 34のノルウェー代表．WG3（情報協会）の主催者であり，HyTimeとトピックマップ規格の責任者．SGML，XML，およびナレッジ・マネジメントに関する世界中のイベントの常連講師．「SGMLとXMLツール旋風ガイド」（"Whirlwind Guide to SGML and XML tools"）の著者・保守管理者．「SGML購入者ガイド」（"SGML Buyer's Guide" Prentice-Hall, 1998）の共著者（Charles GoldfarbとChet Ensignとの共著）．

B.1　序　　文

「索引（インデックス）のない本は地図のない国のようなもの」と言った人がいる．

地図なしでA地点からB地点にドライブしようとするのは，それ自体興味深くしかもやりがいのあることとはいえ，できるだけ早く（少なくとも極端に遅れることを避けて）目的地に到達するために地図のようなものが必要不可欠なのは疑う余地もない．

同様に，ある本の中で特定の情報を部分的に探す場合は（全巻を通して味わって読むのとは対照的に），良い索引は極めて価値のあるものとなる．索引を作る仕事とは，『文書のトピックを図に記し簡潔で的確な地図を読者に提示することだ』とLarry Bonuraが書いているように［2］，従来の巻末索引は，入念に調査された丁寧な手作りの地図になぞらえることができる．

「トロイラスとクレシダ」の中でシェイクスピアが使った別のたとえを示す．

> 「これはいわば本の目次，あとに続く内容を示すささやかな要点にすぎぬことはたしかだが，その雛鳥の形のなかに，将来のわが軍全体の巨大

な鳥となった姿が読みとられるというもの」[2]

全体の概観をつかみやすいように索引が主題の構成を小さくまとめているのと同じ意味合いのものがここに表現されている．

たぶん，シェイクスピアが地図のたとえを使わないことを選んだとしても驚くことはない．何しろ，地図の製法技術は彼の時代には未発達で，通信手段も同じ状況だったのだから．今日では状況はまったく一変し，現代の情報伝達のとてつもない速さは，最も重要な技術である地図を作る技術を正確で進化したものにしている．輸送技術分野でのこの問題への一つの答としてはGPS（Global Positioning System）が挙げられる．そして，出版・情報管理分野での答が，新しい国際規格であるトピックマップである［5］．

今までは電子情報の世界において従来の本の巻末索引と同等のものはありえなかった．確かに，ワープロ文書にキーワードを付加したり，「自動的に」索引を生成したりすることはできるが，出てきた索引は紙で出版される単なる文書という枠組みの中に依然としてとどまったままである．ワールド・ワイド・ウェブから学んだように，電子情報の世界は今やまったく違う世界だといっていいだろう．そこでは，個々の文書間の区別が消滅し，複数の文書の橋渡しをするための索引が必要となる．その索引は，膨大な情報の蓄積を対象とすることができ，さらには索引を併合して利用者自らが規定した情報の見方を作り出すための機能が求められてくるだろう．この場合，旧式の索引技術は哀れなほど無力である．

この問題は，文書処理の分野において数十年に及び認識されてきたが，対応策として使われた“全文索引”という手法は，問題の一部分を解決するに過ぎなかったということは，インターネットで検索エンジンを使ったことがある方なら誰もが十分過ぎるほどご承知のはずである．

全文索引における大きな問題は識別機能の欠如である．全文検索では，「すべてのもの」を索引化する．書籍の中にある「一語一語のすべて」を対象として従来の巻末索引を作ろうとした際に，明らかに不要である大部分の候補を取り除いてから，残ったもの「一語一語のすべて」をいちいち吟味して索引に加えていくという作業を想像してみてほしい．語形変化を判断できる何らかの知的技術を用いたとしても，その結果はまったく実用性のないものになってしまう．機械的な索引付けは，同一の主題が複数の名称に参照されていたり（「シノニム問題」），同一の名称が複数の主題を参照していたり（「同音異義語問題」）という現実に対してきちんと対処できていない．しかもこれがウェブ検索エンジンの基本的な動作の仕組みなのである（何千もの的外れな検索結果を常に抱えて，それをやりくりし，結局探しているものを見逃してしまうのも当然のことである）．

そこで新しい方法論が必要とされているわけだ．トピックマップは，進化したリンキングやアドレッシング技術によって，従来の索引付け，図書館学，知識表現を含めて複数の世界を最適に縁組みさせるアプローチを提供する．旅行者にとっての地図のように，明日の情報提供者にとって絶対に必要不可欠なものとなるだろう．そして，トピックマップがユビキタス（誰もがいつでも情報ネットワークにアクセスできる環境として与えられるよう）になれば，情報宇宙のGPSを確立してくれるに違いない．

B.2 知識構造と情報管理

トピックマップモデルの実際を見る前に，私たちになじみのある本や紙を基本とした出版分野におけるナビゲーション支援はどのようなものであるかを考えてみたい．まず「インデックス」から

[2] ウィリアム・シェイクスピア（著），小田島雄志（訳）『トロイラスとクレシダ』p.58，白水社，1983

始め，次に「用語集とシソーラス（統制用語集）」に進んでいく.

B.2.1　そもそもインデックスとは

「インデックス」には多数の意味があるが，主に「何らかの方法で指し示す」意味に使われる.（「index」，複数形「indicis」. ラテン語では人差し指（forefinger），通知者（informer），標識（sign））コンサイス・オックスフォード辞典にあるその意味はというと，

『通常本の巻末にあり，名称や主題などを参照事項とともに掲載したアルファベット順の一覧.』

従来の索引（インデックス）は，実際には本の中に含まれる知識を地図にしたもので，本の中で取り上げられたトピックを一覧にし，読み手が調べたいと思われる名称を手当たり次第に抽出したものであって，トピック（それも特に目立つものだけ）への関連を示す. 次の例は，[11] を少し手直ししたもので，索引の基本的特徴を示している.

蝶々夫人，70–71, 234–236, 326
プッチーニ，ジャコモ, 69–71
ソプラノ，41–42, 337
トスカ，26, 70, 274–276, 326

ここで記述される主な情報，つまり索引は次のとおりである.

1. トピック名の（アルファベット順の）一覧
2. トピックの出来事[3]（occurrence）への参照

この例はオペラの本から抜粋したものなので，トピックには作曲家，作品および関連する題材が含まれる. オペラ以外を題材にした本では，異なった種類のトピックを扱うが原則は変わらない. また，この例でのトピックの出来事はページ番号で参照されているが，ほかの方法（例：節番号）も考えられるだろう（実際，索引作製者の間では，参照のことをロケータ（locator）と呼ぶことも多い）.

さらに複雑にした例で標準的な索引の特徴を示す.

ラ・ボエーム，10, 70, **197–198**, 326
カヴァレリア・ルスティカーナ，71, **203–204**
西部の娘，see La fanciulla del West
レオンカヴァルロ，ルッジェーロ
　I 道化師，71–72, 122, **247–249**, 326
蝶々夫人，70–71, **234–236**, 326
マノン・レスコー，**294**
マスカーニ，ピエトロ
　カヴァレリア・ルスティカーナ，71, **203–204**
プッチーニ，ジャコモ，69–71
　ラ・ボエーム，10, 70, **197–198**, 326
　西部の娘（*La fanciulla del West*），**291**
　蝶々夫人，70–71, **234–236**, 326
　マノン・レスコー，**294**
　トスカ，26, 70, **274–276**, 326
　トゥーランドット，70, **282–284**, 326
田舎騎士道（Rustic Chivalry），カヴァレリア・ルスティカーナを参照のこと
歌手，39–52,
　個人名も参照のこと
　バリトン，46
　バス，46–47
　ソプラノ，41–42, 337
　テノール，44–45
　ソプラノ，41–42, 337
　テノール，44–45
　トスカ，26, 70, **274–276**, 326
　トゥーランドット，70, **282–284**, 326

[3] 訳注：この「出来事」とはトピックに関連して発生した情報そのもの. トピックマップの occurrence は，「主題に関連する情報リソースへのリンク」という意味となり，JIS TR X 0057:2002 では「出現」という訳になる.

新しい特徴は以下のとおりである．

- 異なった印刷書式を使ってトピックの「型」の違いを区別する（オペラの名称はイタリックで示されている）．
- 同様に，異なった印刷書式を用いて出来事の「種類」の違いを区別する（概要への参照は太字で示されている）．
- 「〜を参照のこと」を利用して複数の地点（異なる名称）から同一トピックを指し示すことができるようにすることで，同義語に対処する．
- 「〜も参照のこと」が関連トピックを指し示す．
- 細目は，異なったトピック間の関連性を指し示すための新たな仕組みを提供する（例：作曲家と作品の関係や，上位型と下位型の関係など）．

索引は，図で示した例以外に以下の特徴ももっている．

- 本は，例えば，名称，場所，主題を各々の索引として，複数の索引をもつこともできる．この仕組みによって，異なった印刷書式を使わなくても異なった型のトピックの間の違いを区別することができる．
- 同音異義語は名称の後に説明ラベルを付けることで区別できる（例：「トスカ（オペラ）」，「トスカ（登場人物）」）．
- 位置（ページ番号）に修飾子を付けて，異なった種類の出来事の違いを区別することができる．例えば，「54n」は54ページの脚注（footnote）として示す．これも異なった印刷書式を使う方法の代用になる．
- 出来事の性質（言い換えれば，その情報が主題とどう関係しているのか）は，細目を導入して示すこともできる．例えば，[4] では，「節」，「定義」，「語解説での定義」，「著作物での使用」などで，出来事を類型づけるために細目を大いに活用している．

したがって，典型的な索引の主な特徴としては，(通常複数の名称によって識別される) トピックと，トピック間の関連（association）と，(位置情報によって指し示される) トピックの出現 (occurence)[4] が挙げられる．これらの各構成要素について，利用者に詳しい情報を伝えるために，その「型」について何かしら言い表すことができると便利である．

トピック（topic），関連（association）および出現（occurence）は，トピックマップモデルにおける主要な構成概念となっている（ということでこの文書のタイトルでもある）．そのモデルについてのさらに詳細な話題に入る前に，私たちが扱おうとしている骨組みの理解をさらに広げるため，ナビゲーション支援として関連する用語集（glossary）やシソーラス[5]，そして人工知能の領分である知識表現の一般手法である意味ネットワーク (semantic network) を手短に見ていこう．

B.2.2　用語集とシソーラス

用語集は，基本的には語や定義の一覧である．それは，索引の一種と考えることができるが，「定義」というたった一つの出現型だけに関与するので (位置情報によって間接的に指し示す代わりに)，出現をそのまま含んでいる．以下は [11] にある用語集の一部である．(図解用に少々変更した)

> **バス**：男声の最低音バスは，オペラでは牧師や神父役を演じるのが通常であるが，主役級の悪魔の役となることもある．
> **ディーバ（歌姫）**：文字どおり，「女神」

[4] 訳注：ここから「occurrence」は「出来事」に代わって「出現」という訳になる．

[5] 特定の知識分野に関し，意味関係をもっている用語を統制した用語集．

(goddess)．女性人気オペラ歌手．気難しい人気オペラ歌手のことを意味する場合もある．プリマドンナも参照のこと．

ファーストレディ：プリマドンナを参照のこと．

ライトモチーフ（ドイツ語，「LIGHT-mo-teef」：オペラの主要な登場人物や主題を表すテーマ音楽．リチャード・ワグナーによって初めて作られた．

プリマドンナ（「PREE-mah DOAN-na」）**：**ファーストレディのイタリア語．ヒロインを演じる歌手，オペラにおける主演女優，世界は自分を中心に回っているのだと信じている女性．

ソプラノ：最も高い声域の女性の声，最も高額のギャラでもある．

索引と同様に，用語集もトピックに関連する「～を参照のこと」，「～も参照のこと」が利用できる．言語や発音などその語自身に関連する追加情報も（この例のように）含まれるが，主要な構成要素はトピックの名称とその定義である．

一方，シソーラス（thesaurus）は索引がもっている他の特徴を際立たせる．シソーラスは，基本的には特定の範囲内で相互関係にある語のネットワークであって，その他の情報（例えば，定義や使用例など）を含むことも多いとはいえ，主な特徴としては個々の語の間の関係や関連性を示すことである．ある特定の語が与えられたとき，シソーラスは，同じ意味をもつ語はほかにどのようなものがあるか，同一類で広義のカテゴリーを示す語は何か，狭義のカテゴリーを示す語は何か，また，他の観点で何か関係する語はあるか，などを示す．オペラの世界からの例を続けると，シソーラスは以下のようになる．

ソプラノ

定義：女性（またはオペラ用に去勢され訓練された男性）の最も高い声音域．

広義語：ボーカリスト，歌手

狭義語：ソプラノ・リリコ，ソプラノ・ドラシマーティコ，ソプラノ・コロラトゥーラ

関係語：メゾ・ソプラノ，トレブル（treble）

通常の索引や用語集の中における関連と比較して考えると，シソーラスの中における関連について特に大切なことは，それらは「類型づけ」られているということである．これは重要なことで，なぜならばそれによって二つの語が関係づけられるといえるだけでなく，「どう」関係するのか，「なぜ」関係するのかを説明できるからである．また，同じ方法で関連づけられた語同士をグループにすることができるので，ナビゲーションをさらにやさしくしてくれる．「広義語」，「狭義語」，「代用語」，「関係語」などの通常使われる関連の型は，[Z39.19]［15］，[ISO 5964]［7］，および [ISO 2788]［6］などのシソーラス国際規格で定められている．

B.2.3　意味ネットワーク

索引，用語集，シソーラスは，すべて知識構造をマッピングする手法であって，書籍や他の情報資源を扱う場合，常套手段として使われている．人工知能（AI）の分野でも，人と機械との間のコミュニケーションを支援するために，知識や意味を表現するための手段が必要とされる．知識表現形式論で広く用いられているものの一つに概念グラフがあり，その基本的要素は概念と概念の関係から成り立っている．

次の表現「犬を噛んでいる男」（[Sowa 1984]）の概念グラフは，［　］でくくられたものが概念（「男」，「噛む」，「犬」）を示し，（　）でくくられたものが関係（「主体（動作主）」，「客体（対象）」）を示す．

［男］←（動作主）←［噛む］→（対象）→［犬］

同様なグラフ構造が，多数のAIシステムにおいて「意味ネット（semantic net）」，「連想ネット（associative net）」，「分割ネット（partitioned net）」，「知識マップ（knowledge map）」（または「概念マップ（conceptual map）」）などと呼ばれるさまざまな形で導入されてきた．最も初期のものでは，存在グラフ（existential graph）と呼ばれる記号論理学用のグラフ式表記法が，哲学者Charles Sanders Peirceによって19世紀の終わりに発明された．John Sowaと彼の協力者ら［14］によって開発された概念グラフは，最もよく研究・検討されたスキームの一つで，一階述語論理（first order logic）と完全に同型であるとの主張がなされている．

意味ネットワークの基本モデルが，索引で使われる「トピックと関連性」のモデルによく似ていることから，二つのアプローチを組み合わせると情報管理や知識管理の両方に多大な恩恵をもたらし，まさに新しいトピックマップ規格となるだろう．トピック/関連性モデルにトピック/出現軸を付加することにより，トピックマップは知識表現と情報管理との間の「ギャップを埋める」手段を提供する．

「知識管理」は，ご存知のようによく耳にする流行語になっている一方，市場の誇大広告として見すごせない語になっていることも少なくない．大きなコンサルティング企業にとって知識管理は本質的に新しい経営管理技術となる．その技術は，知識を基盤とする経済活動がますます大きくなるにつれ，人材（とその人の専門知識）が基本的な財産であるという事実に向き合って設計されるだろう．それ以外の会社は知識管理を情報管理と同一視するだけである（出荷製品の箱に新しいラベルをぺたっと貼り付けてご満悦なだけの情報管理ツールのベンダーが特に）．

しかし，知識は基本的に情報とは異なるものである．その違いは「ものを知る・理解すること」に対して「ただ単にその情報を所有していること」にある．そして，一人の著者が主張したように［12］，『情報管理は「生成（generation）」，「成文化（codification）」，「移送（transfer）」という3個の主要な知識活動をカバーする』ならば，トピックマップは，知識の「生成」と「移送」を支援するツールの開発に必須要件となる「成文化」のための規格として注目に値するものである．

B.3 トピックマップのTAO

トピックマップの起源は1990年代前半にさかのぼり，後によく知られることになるDavenport Groupがコンピュータ文書の相互交換を可能にする手段を検討していたころと重なる．Davenport Groupは，続けて次にDocBook［3］の開発を始めた．これはSGMLやXML文書のオーサリング用に最も広く利用されたDTDの一つである．

Davenport Groupが直面した問題の一つは次に示すように，異なった文書セットの索引をどのようにしたら一緒にまとめられるかということだった．

『索引は，自己一貫性のある範囲内に限り，索引付けされた素材中で利用できる知識構造モデルに合致する．しかし，その知識構造モデルは暗黙的なものであって，現実として目に見えるものではありえない．そのような知識構造モデルが正しくとらえられれば，索引同士をモデル化して一緒にまとめるにはどのように処理すればよいのかを明確に示唆してくれることになるだろう[6]．』

索引における基本概念の具体化に取りかかって

[6] トピックマップモデルを最初に開発したメンバの一人S. R. Newcombからの私信．

からを起点とすると，最終的にトピックマップ規格となるまで約10年が経過したことになる．到達点は，トピック（Topic），関連（Association），出現（Occurrence）であり，すなわちトピックマップのTAOである．以降のセクションは前記のTAO，および補足的な概念であるIFS（Identity, Facets and Scope）を「トピックマップのIFS」として解説する．

B.3.1　TはTopic（トピック）のT

トピックは本書の最初の部分で説明したすべての骨組みの最も基本的な概念となっているのは明らかである．

B.3.1.1　トピック

ではトピックとは何か．トピックは，その最も広い意味では，どのような「もの」にでもなりうるものである．人，実体，概念，本当に「何であっても」――それが物理的に存在していてもいなくても，あるいは何か他の特別な性質をもっていてもいなくても，また，どのような手段ででもそれについてそれがそれとして確信できるならばどのようなものでもよい．

それよりもさらに一般的にはできないものだ．

実際には，これはどのようにトピックマップ規格が主題（subject）を定義しているかと同じことであって，主題とはトピック自体がその代わりとなる現実世界で使われる語「もの」のことである．「主題」は，プラトンがイデア（idea）と呼んだものと対応させて考えることもできる．一方トピックは，イデアがプラトンの洞窟の壁に投じた影のようなものである．それはトピックマップ内部にあるオブジェクトであり，主題を示している．もう少し具体的に表現すると，「あらゆるトピックに関連する隠れた核心は，著者がそれを作ったときに心の中にあった主題であり，ある意味で，トピックは主題を具象化し…」ということになる．

さらに厳密にいえば，用語「トピック」は，トピックマップ内のオブジェクトやノードを参照し，そのトピックマップは参照されている「主題」を示す．ただし，すべてのトピックが単一の主題を示す場合や，たった一つのトピックがすべての主題を示す場合でも，トピックと主題の間には1対1の関係がある（あるべきである）．したがって，ある程度までは二つの用語は互換的に使用できる[7]．

そして，オペラの辞書に関していえば，トピックが示す主題としては「トスカ」，「蝶々夫人」，「ローマ」，「イタリア」，作曲家「ジャコモ・プッチーニ」や，彼の出生地「ルッカ」などが考えられ，ほかにもこの種の辞書に掲載されるのが妥当な語であるならばそのほか何でもトピックが示す主題になりうる．

B.3.1.2　トピック型

トピックはその種類によって分類される（図B-1，図B-2）．トピックマップでは，トピックは，0個以上のトピック型（topic type）をもった一つのインスタンスとなる．これは，異なった型のトピックを区別できるように，書籍でもともと使われてきた複数の索引（名称や仕事や場所の索引など）や，印刷書式の違いなどを利用して分類することに相当する．

プッチーニは「作曲家」型のトピックであり，トスカと蝶々夫人は「オペラ」型のトピック，ローマとルッカは「都市」型のトピック，イタリアは「国」型のトピックなどとなる．言い換えれば，トピックとトピック型間の関係は，典型的なクラスとインスタンスの関係に等しいものである．

[7] トピックマップがSGMLやXML構文を用いて互換的に使用される場合，トピックは<topic>要素によって示される．トピックと主題間の1対1の関係は，互換文書が処理される場合に単一トピック形式に併合して提供される同一の主題に対して<topic>要素が複数になってもかまわない．併合は，主題識別性あるいはトピック名前付け制約に基づいて実施することができる．

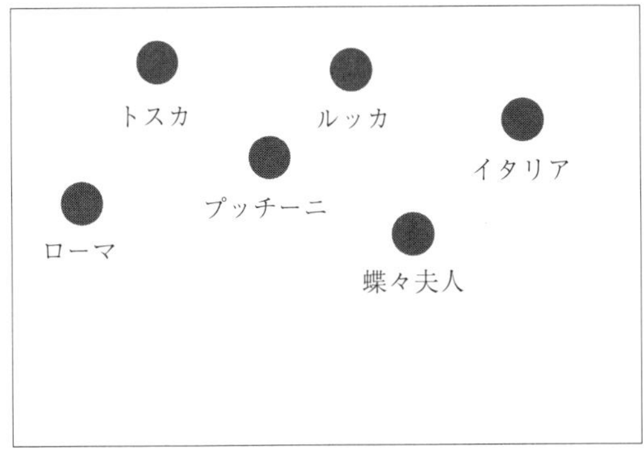

図B-1 トピック

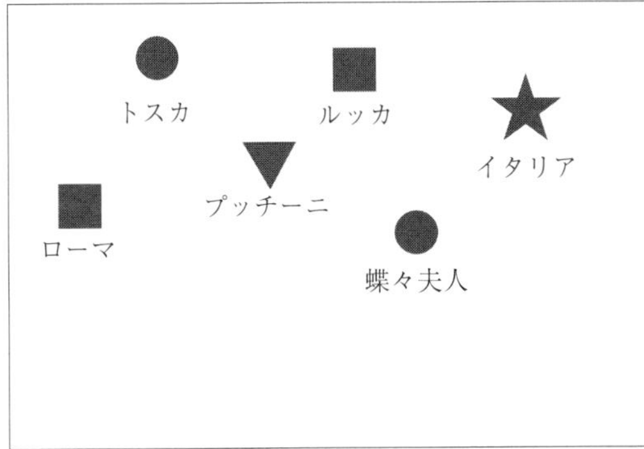

図B-2 トピック型

ある特定の用途のために一体どれをトピックとして選ぶのかという場合，それはその用途の必要性，情報の性質，トピックマップの使い方によって異なる．シソーラスでは，トピックは用語/意味/範囲などを表すかもしれない．ソフトウェアのドキュメントでは関数/変数/オブジェクト/メソッドなどであり，法律文書では法律/訴訟事件/法廷概念/論評者などであり，技術文書では構成要素/提供者/処理手続/エラー条件などを表すかもしれない．

トピックマップ規格によればトピック型はそれ自身トピックとして定義される．

「作曲家」，「オペラ」，「都市」などを型として利用する場合（トピックマップモデル自身を使ってそれらをさらに説明できるようにする場合），トピックマップのトピックとしてそれらを明示的に宣言しなければならない．

トピックは，トピック名，トピック出現，関連における役割という3種類の特質をもっている．

B.3.1.3 トピック名

トピックは通常それを指し示しやすくするために明示的な名称をもっている[8]．

しかし，トピックには常に名称があるとは限らない．「ページ97を参照のこと」のような単なるクロスリファレンスは，何も（明示的な）名称をもたないトピックに対するリンクであると考えられる．

あらゆる形状や形式の名称が存在し，それらは公式名，シンボリック名，ニックネーム，ペットの名前，通称，ログイン名などとして使われる．トピックマップ規格はそれらをすべて列挙し対象にしようとするわけではない．その代わり，規格化された手法で定義するということは，用途にとって何らかの意味のあるものとするために（特に，普遍的に理解される重要な意味をもった），名称を何かの形式にする必要がある．同時に，用途固有の名称型を規定するためには完全に自由で拡張性のあることが必要となる．

したがって，トピックマップ規格は単一のトピックに対して複数の基底名（base name）を割り当てるための機能と，特定のコンテキスト処理用に各基底名の異形（variant）とを提供している．国際規格の原文では，異形は表示名（display name）と整列名（sort name）に限定されている．XTMは，さらに汎用的な異形名の仕組みを提供している．

一つ以上のトピック名を指定できるということ

[8] 明らかなのは，前項の説明で，トピックやトピック型に所定の名称がなかったとしたら理解するのが非常に難しくなっていただろうということである．

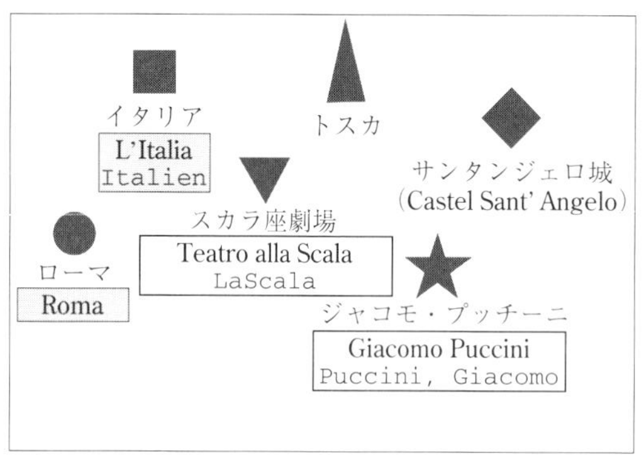

図 B-3　トピック名

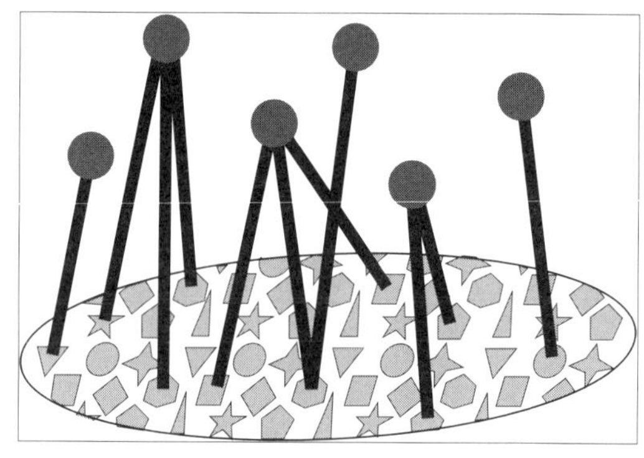

図 B-4　出現（occurrence）

は，言語，様式，範囲，地理的地域，歴史的時期などの異なったコンテキストや有効範囲（scope これに関しては後述）の異なった名称に対して適用できるということを示している（図 B-3）．必然的にこの特徴は，二つの主題は同一の有効範囲においてまったく同一の基底名をもつことができないというトピック名前付け制約（topic naming constraint）を示す．

B.3.2　O は Occurrence（出現）の O

B.3.2.1　出　現

一つのトピックは何らかの形で関連があると思われる一つ以上の情報資源にリンクすることができる．そのような情報資源をトピックの出現（occurrence）と表現する．

出現になりうるものとしては，例えばある特定のトピックに関する学術論文や，百科事典に載っている該当トピックの記事であり，さらには，該当トピックを表現した図やビデオ，該当トピックに関する簡単な寸評，該当トピックに関する注釈（例えばそのトピックが法律だった場合）であり，また，該当の主題に関係があると思われる情報資源とは形を異にするその他さまざまのものが挙げられる（図 B-4）．

これらの出現は，通常トピックマップ文書の外部（内部のときもあるが）に存在し，（XTM にある）URI や（HyTM にある）HyTime アドレッシングなどの何らかのシステム支援の仕組みを利用して「指し示され」ている．現在は，（全文索引に対して）手作業で索引を生成するためのシステムのほとんどは，文書中に組み込まれたマークアップの形式を利用して索引付けを行っている．トピックマップを使用する上での利点の一つは，文書自体に触れる必要がないことだ．

ここで留意すべき重要な点は，トピックとその出現は 2 層のレイヤに分かれているということである．このレイヤ分離はトピックマップの能力を示す一端であって，後ほどまた触れることになる．

B.3.2.2　出現役割

すでに述べてきたように，出現は複数の異なった型で構成される（前述した型の例としては，「学術論文」，「記事」，「図解」，「寸評」，「注釈」である）．トピックマップ規格において，これらの区別をするために，出現役割（occurrence role）や出現役割型（occurrence role type）という概念によってサポートされている（図 B-5）．

出現役割と出現役割型の違いは微々たるものではあるが重要である（少なくとも HyTM では）．

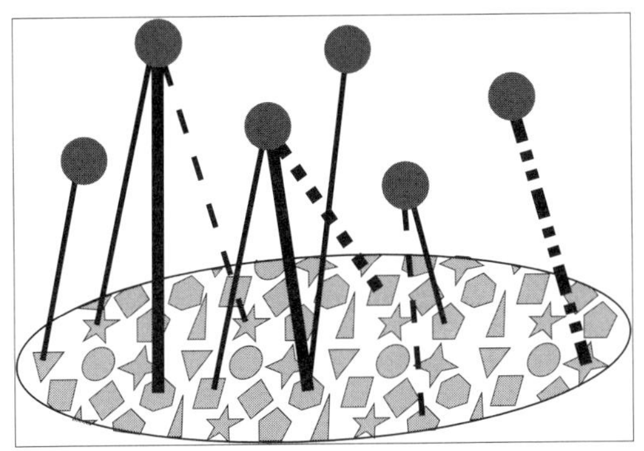

図B-5 出現役割（occurrence role）

それらは広義では両方とも「ほとんど」同じものである．すなわち出現が（例えば，描写や例題や定義によって）対象となる主題に対して情報を提供する場合の手段であり，対して（HyTMにおける役割属性によって構文的に示される），役割は単なる表意記号でしかなく，一方（型属性によって構文的に示される）型は，主題に関連する出現の性質をさらに特徴づけるトピックへの参照となる．出現役割の型を特定することが理にかなっているといえるのは，そうすることにより出現に関連する情報をより多く伝達するためにトピックマップの能力を利用することができるからである．

■注記

出現役割の概念がXTMにないのは，規格の原文ではHyTimeを用いて作成できるとみなされたからである．「出現役割型」の概念は維持されたが，関連役割（association role）と混同しないように，その用語自体は変わって「出現型」となった（以下を参照のこと）．

B.3.3 AはAssociation（関連）のA

今までに触れてきたすべての構成要素は，情報を組織化するための基本的な原理としてトピックを一緒に考える必要があった．「トピック」，「トピック型」，「名称」，「出現」，「出現役割」それぞれの概念は，トピック（あるいは主題）に基づいて情報資源を組織化し単純な索引を作成できるようにしてはくれるがそれ以上のものではない[9]．

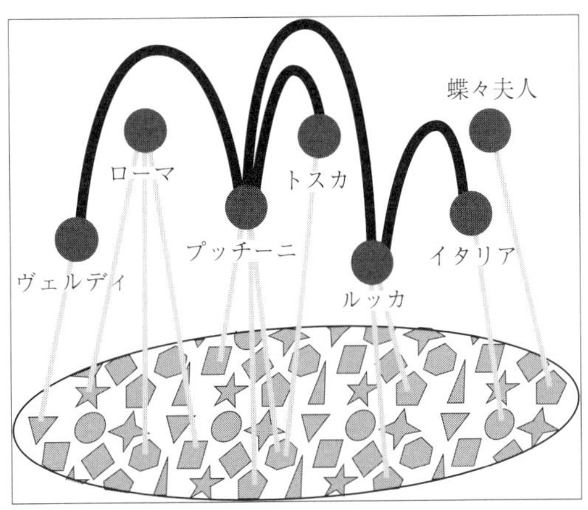

図B-6 トピック関連（association）

しかし，非常に興味深いことはトピック間の関係を記述できることであり，これはトピックマップ規格がトピック関連（topic association）と呼ばれる構成要素を提供していることによる．

B.3.3.1 関　連

トピック関連は二つ以上のトピック間の関係を明示する．以下に例を示す（図B-6）．

- トスカはプッチーニ「によって書かれた」
- トスカはローマ「で上演される」
- プッチーニはルッカ「で生まれた」
- ルッカはイタリア「にある」
- プッチーニはヴェルディ「に影響された」

B.3.3.2 関 連 型

トピックと出現が型によってグループ化できる

9 この記述に対して原則的な例外であるトピック型を後程簡単に触れる．

ように（例えば，作曲家/オペラ/国，寸評/記事/注釈などの型ごとに），トピック間の関連もその型によってグループ化できる．上記に示した関係の関連型は，「によって書かれる」，「で上演される」，「で生まれる」，「にある」（地理的束縛），そして「に影響される」である．トピックマップ規格におけるその他のほとんどの構成要素と同様に，関連型自身もトピックとして定義されている（図B-7）．

トピック間の関連を型に分類できると，トピックマップの表現力を大いに高め，どのようなトピックであっても同一の関係をもつトピックの組をグループとして一緒にすることが可能になる．非常に重要なことは，これによって膨大な情報の中をナビゲートしてくれる直感的でユーザフレンドリなインタフェースが提供できるということである．

トピック型が特殊な（すなわち，構文的に特別扱いされる）関連型の一種であることは留意すべきで，（例えば，「オペラであるトスカ」という）型をもっているトピックの意味付けとして，トピック「オペラ」とトピック「トスカ」の間で（「型・インスタンス」型の）関連によっても同様に表現することができる．この種の関連のために特殊な構成要素を備える理由は，特定の種類の名称のために特殊な構成要素を備える理由と同じである（実際，名称のために特殊な構成要素が存在する）．意味付け（semantic）は非常に汎用的であり，普遍的でもあるので，トピックマップをサポートするシステム間の相互運用性を最大にするために，意味付けの規格化は有益なものとなる．

トピック関連と一般のクロスリファレンスは両方ともハイパーリンクであるにもかかわらず，まったく異なった形態であるということを忘れてはならない．クロスリファレンスでは，ハイパーリンクのアンカ（終了点）は情報資源内部に存在する（そのリンク自身は外部にあるかもしれないが）．トピック関連については，情報資源が存在していてもいなくても，あるいはその情報資源をトピックの出現として考えるとしても，今まで論じてきた（トピック間の）リンクはどのような情報資源からも完全に独立している．

なぜこのことが重要なのだろうか．

どのような情報資源に実際に結合しているかどうかは問題でなく，トピックマップはそれ自身が

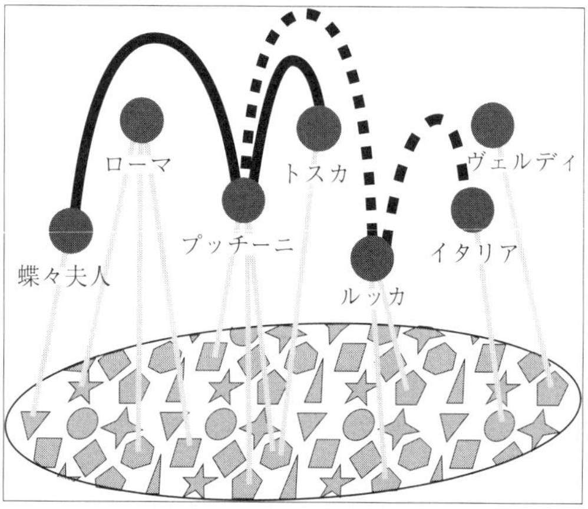

図B-7 関連型

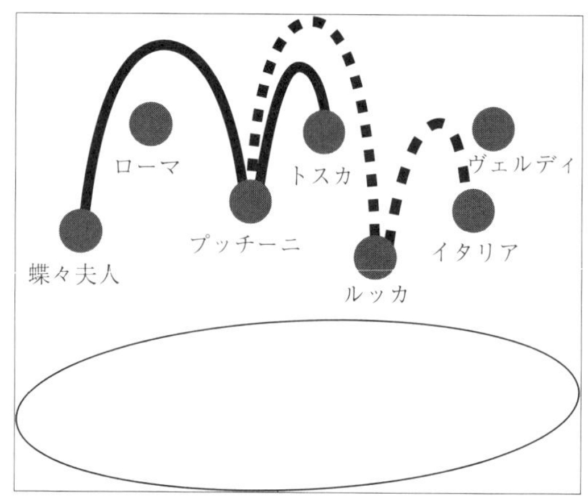

図B-8 移植可能な意味ネットワークとしてのトピックマップ

情報資産であるからである．ローマがイタリアにあり，トスカがプッチーニによって書かれてローマで上演され，…というような知識は，私たちがこれらのトピックのどれかに実際に関連する情報資源をもっていてもいなくても，有益であり価値があるものである（図B-8）．そして，情報資源とトピックマップが分離していることにより，同一のトピックマップを異なる情報の集積に重ね合わせる（overlay）ことができる．

同様に，異なるトピックマップを同一の情報の集積に重ね合わせ，異なる利用者に異なる「ビュー」を見せることもできる．その上，この分離は，発行者間でトピックマップの相互交換を可能にし，複数のトピックマップを併合（merge）することができるという潜在能力を備えているのである[10]．

B.3.3.3 関連役割

関連に関係する各トピックは，関連の中の役割を担っていて，関連役割（association role）と呼ぶ．「プッチーニはルッカに生まれた」という関係の場合，プッチーニとルッカの間の関連が示されているが，それらの役割は「人」や「場所」であって，「トスカはプッチーニによって作曲された」という場合の役割は，「オペラ」と「作曲家」になる．ここに至っては，関連役割も型にすることができて，さらに関連役割の型もまたトピックであると知らされたとしても驚く読者はいないだろう．

数学における関係と違って，関連は本質的に一方向の関係ではない．トピックマップでは，AはBに関連するがBはAに関連しないというのはおかしいことになる．もしAがBに関連するなら，Bは必ずAに関連しなければならない．このことから，関連役割の考えはよりいっそう重要性を増してくる．プッチーニとヴェルディが「影響された」（influenced-by）という関連に関係しているということを知るだけでは十分ではなく，どちらがどちらによって影響されたのかを知る必要がある．つまり，「影響主体」（influencer）の役割を担っているのは誰で，「影響客体」（influencee）の役割を担っているのは誰なのかということである．

またこれは，（例えば「～によって影響された」などの）関連型に割り当てられた名称が暗黙的に示す多様な主客関係の方向性を妄信してしまうことに対して警告を発する手段でもある．そう，方向違いの鵜呑みである．この特定の関連型は，例えば「ヴェルディはプッチーニに影響した」で使われる型名称「影響した」（influenced）を用いるのと同等に（適切な環境下で）特徴付けを行うことができる（有効範囲機能をどのように用いて実際にこの事象を起こすか（トスカとローマ）の例はB.3.4.3を参照のこと）．

B.3.4 トピックマップのIFS[11]

B.3.4.1 主題識別性（および公開主題）

トピックマップの最終目標は，単一のトピックを介してアクセスできる特定の主題に関するすべての知識が必ず手に入るようにするために，トピックマップが表現するトピックと主題との間の1対1の関係を実現することである．しかし，同一の主題が一つ以上のトピックで示される場合がある．二つのトピックマップが併合（merge）される場合がその顕著な例である．このような場合，本質的に異なっているように見えるトピック間の識別性を確立する何らかの手段が必要となる．例えば，ノルウェーとフランスとドイツの出版社の参照作業の担当者たちが，彼らのトピックマップを併合しなければならなくなった場合，トピック「イタリア」，「L'Italia」，「Italien」はすべて同一の

---

[10] しかしながら，トピックマップの併合を成功させるためには，追加概念として有効範囲および主題識別性が必要となる．これらは以降で説明する．

[11] 訳注：IFS（Identity, Facets and Scope）は，各項の表題を示す．

主題のことだと断言できる必要があるだろう．

これを可能にする概念が主題識別性（subject identity）である．主題が情報資源に番地付け可能なとき（「番地付け可能な主題」），その番地があれば直接的に識別性が確立する．しかし，プッチーニやイタリアやオペラの概念など，ほとんどの主題は直接番地付け可能ではない．この問題は，主題指示子（subject indicator）（ISO13250原文では主題記述子（subject descriptor）と呼ばれる）を用いることによって解決される．主題指示子は，「主題の識別性の明白であいまいでない指示の提供を意図した資源」である（XML Topic Maps（XTM）1.0規定TR X 0057:2002）．主題指示子は資源であって，「主題ID」（subject identifier）として使われる番地（通常URI）をもっている．

一つ以上の主題指示子を共有する（あるいは，番地付け可能な主題で同一の主題・番地をもつ）二つのトピックは，両トピックの特質（名称，出現，関連）が結合した単一のトピックと意味的には等しいと考えられる．トピックマップを処理する際，単一トピックノードは二つのトピックの特質を組み合わせて生成される[12]．

主題指示子は公式で公開可能な文書（例えば，国際規格では2～3文字の国コードを定義している）であって，一つのトピックマップの内部（あるいは外部）で簡単に記述定義できるものである．公開主題指示子（published subject indicator：PSI．当初は公開主題記述子（public subject descriptor）と呼ばれた）とは，トピックマップやその他の手段によって知識の相互交換や併合を容易にさせる目的で公表された番地上に公開され維持管理される主題指示子である．

受け側の情報資源の関連出現と「調和」する保証がなければトピックマップを他人に使ってもらう意味がないので，移植可能な（portable）トピックマップを広範囲に利用するためには公開された主題が必須条件となる．そこで，OASISや他機関の指導のもとに，勧告文書や公開主題の使用方法の整備が進められている[13]．

B.3.4.2　ファセット

トピックの出現を構成する情報資源にトピックマップ内部からメタデータを割り当てることができると好都合な場合がある．この機能を提供するため，トピックマップ規格はファセット（facet）の概念を備えている．

ファセットは，基本的に，情報資源に属性値のペアを割り当てる仕組みを提供する．ファセットは単なる属性であり，その値をファセット値と呼ぶ．ファセットは，今までSGMLやXML属性，あるいは文書管理システムによって扱われてきたメタデータ類の供給に利用されるのが一般的である．これには，「言語」，「セキュリティ」，「適用性」，「利用者レベル」，「オンライン/オフライン」などの属性が含まれる．

割り当てられたそれらの属性は，資源の範囲を制限するサブセットを作り出すクエリフィルタを作成するのに使われる．例としては，『言語として「イタリア語」を話し，利用者レベルが「中学校の生徒」である彼ら』のように使う（図B-9）．

ファセットと有効範囲（次項に詳述）を混同しないようにすることは大切である．通常，ファセットはトピックマップの「トピックマップドメイン」部のオブジェクト（すなわち，トピックやトピック名や関連）を限定するのに使われることはない．ファセットの目的は，情報資源に属性を単に付け加えることである．ある意味では，ファセ

[12] もちろん，二つのトピックが同一の主題識別性を特定しないという事実は，それらトピックが同一の主題を参照していないと結論するには至らないが，識別性が存在するということだけは確かであり識別性が存在しないということではない．

[13] 詳細な情報は，http://www.oasis-open.org/committees/tm-pubsubj/を参照のこと．

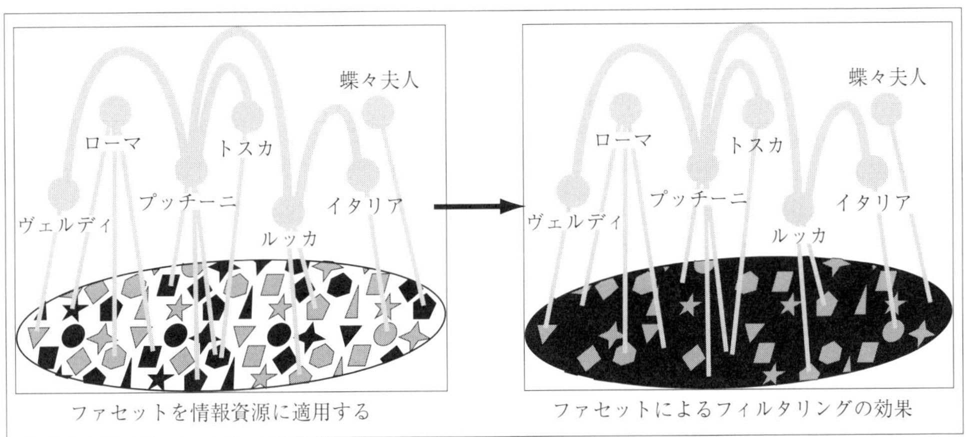

図B-9　フィルタリングのためにファセットを適用する

ットはトピックマップモデル自体に直交する（ファセット型やファセット値型を除いて，トピックマップ規格に含まれるその他ほとんどのものはトピックとしてみなされる）．それにもかかわらず，ファセットはトピックマップの能力を補完し，著しく拡張する有用な仕組みを提供する．

■注記

番地付け可能な主題（addressable subject）と番地付け不可能な主題（non-addressable subject）の違いがXTMで明確になったので，情報資源は主題にも（またトピックにも）なりうるということが明らかになった．このことはファセットの概念を物語っており，メタデータの属性は資源を示すトピックの特質として資源に割り当てることができるようになったというのがその理由である．結果として，ファセットはXMLトピックマップの一部分ではないということになる．

B.3.4.3　有効範囲

トピックマップモデルはどのような特定のトピックに対しても，次の3点「いかなる名称を有しても，いかなる関連を帯びていようとも，いかなる出現であろうとも」を認めている．これら3種類の断言（assertion）は，トピック特質（topic characteristic）として共通に認識されている．

トピック特質を割り当てるのは，常に特定のコンテキスト内でなされ，それは明示的であるかもしれないし明示的でないかもしれない．例えば，（またもや）「トスカ」を出せば，読者がプッチーニによるオペラを想像してくれると期待するのは，この文書に今まで使われてきた文脈がそうなっているからにほかならない．けれどもパン屋さんが読者だった場合，名称「トスカ」はまったく別の意味となり甘味のあることを暗示し，それは別のトピックも同時に示していることになる．

毎日の生活の中で滅多に遭遇することではないが，文脈の問題は常に身近にある．[13]によれば，一つの文は6種類の異なる情報から派生し，そのうちの4種類（時制と法性，仮定，焦点，情緒）は何らかの意味で文脈に関連がある．

人間は文脈を扱うことが大変得意である．その能力は，似ている記述を筋が通るように解釈することができるということであり，例えば，「John

Smith to marry Mary Jones」(Mary Jonesと結婚するJohn Smith) という文に対して,「Retired priest to marry Bruce Springsteen」(Bruce Springsteenと結婚させる引退した牧師) という文, あるいは,「Time flies like an arrow」(光陰矢のごとし) と,「Fruit flies like an apple」(果物の害虫は林檎が好きだ) というような文の解析をして意味を解くことができるのである[14].

けれども, コンピュータはまだそれほど利口ではない. 次の単純な二つの文,「トスカはローマで催される」と「トスカがスカルピアを殺す」では, 今日のコンピュータのほとんどは「トスカ」というトピックのうちどのトピックがそれらの対象と関係があるのかを推測することはできないだろう. このような問題を避けるため, トピックマップはトピックに対してその特徴に何を割り当てるか, それが名称であるか出現であるのか, はたまた役割であるのかを考慮し, 明示的に定義されているかもしれないし, 定義されていないかもしれないある特定の境界内で妥当性を示す. このような割当ての妥当性範囲のことを有効範囲 (scope) と呼ぶ.

有効範囲はテーマ (theme) という形で規定され, テーマは「有効範囲を指定するのに使われるトピックの組のメンバ」として定義される. すなわち, テーマは割当ての組の妥当性範囲を決めるのに使われるトピックである. したがって, 名称「トスカ」は, テーマ「オペラ」,「オペラ」+「登場人物」,「パン焼き」の各々によって定義された3個の異なったトピックに割り当てられる. そして, 例えばトピックマップを併合する際には, いかなる曖昧さも除去されエラーの生じる危険性を減少させる.

実際には, トピックマップにおいて上手に設計された矛盾もなく創意に富んだ有効範囲の利用はただ単に曖昧さを取り去るだけでない. ナビゲーションの支援も可能で, 例えば利用者プロファイルをもとにしたり, マップが使われる方法をもとにしたりとトピックマップ上のビューを動的に変更することができる. 例として, オペラに特別に興味のある (あるいはパン焼きについて全く興味のない) 利用者は, それ相応にランク付けされたさまざまなトスカをもつことができる.

同様に, 利用者の一般的背景についてわかっていることはどんなものでもマップの動作に影響を与えることができる前提としてみなすことができる. 例えば, ある地方の観光名所に標準を合わせたトピックマップでは, 有効範囲は, 見込まれる旅行者や観光案内所に提示する情報を異なった視点から見せることができるトピックを提供できる.

有効範囲はまた, 名称がどのようにトピックに到達するかによって, どの名称をトピックに使うかを動的に決定するために使うことができる. 例えば, トスカ (オペラ) とローマの間の関連は, 関連役割型「演技」(オペラ) の有効範囲で「～で上演される」とラベル付けされ, また関連役割型「位置」(都市) の有効範囲で「～で予定されている」とラベル付けされる (図B-10).

上記で触れたように, 有効範囲とファセットを混同してはいけない. 二つの仕組みは異なっており, 相互に補完する. 有効範囲はトピックの属性をもとにしたフィルタリングの仕組みとして見ることができ, ファセットは情報資源自身の属性を

---

[14] 英語が母国語でない方のための簡単な説明：最初の例では, 前者は動詞「to marry」として通常の意味の「～と結婚する」で使われ, 後者は「～の結婚式を行う」という意味で使われる.

2番目の例の複合した曖昧さは二つのトピック関連を用いるとうまく説明できる.

[時は (time)] ― (のように飛ぶ (flies like)) ― [矢 (an arrow)]

[果物の害虫は (fruit flies)] ― (好きである (like)) ― [林檎が (an apple)]

ご覧のとおり曖昧さが生じたのは, 語「flies」(動詞, 名詞) と「like」(前置詞, 動詞) が担う異なった役割によることからである.

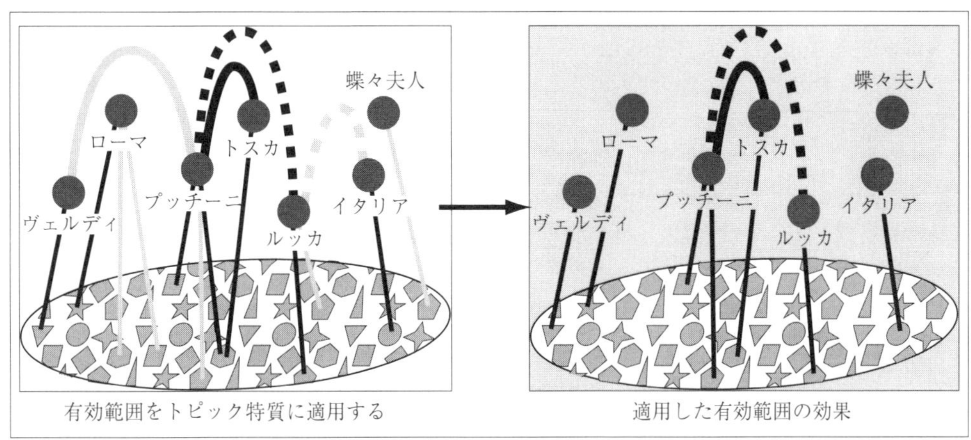

図B-10 トピック名，出現，関連の有効範囲を規定する

もとにしたフィルタリングを備えている[15]．

B.3.5 トピックマップのBUTS

トピックマップには「しかし」(but) はない．しかしながら，今少し付け加えるべきことがあるので，本題は何にも増してぴったりのタイトルのように思える[16]．

「トピックマップにおけるすべてのものはトピックである」と公言されることも少なくない．これはほぼ真実ではあるが，正確ではない．厳密に言えば，すべての型（トピック型，関連型，出現役割型，ファセット型，ファセット値型）はトピックとして定義されるということである．加えて，有効範囲はトピック自身であるテーマ特有の表現で定義される[17]．

このような設計によりモデルが非常に強力になり，何よりもトピックマップに自己文書化機能をもたせることが可能になった．トピックマップのオントロジ（構成されるもの）が同一のマップのトピック特有の表現で定義されるので，そのマップはそれ自身のオントロジで記述するのに利用でき，ナビゲーションやクエリーで用いる場合に，より高い機能性やより柔軟な性能を発揮する．

また，トピックマップモデルの能力によって，トピックマップはより多くのトピックマップ処理に利用する制御情報を定義するためにも使うことができるようになる．トピックマップを開発した委員会はすでに，「トピックマップ・テンプレート」

15 有効範囲の論点に関して広範囲に議論をするには，[10]を参照のこと．

16 訳注："ifs and buts" は単なる慣用句で「不平や言い訳」の意．IFSに対してBUTSにも何か特別な略語があるのだろうと期待させておいて，単なる慣用句の遊びだったと読者を驚かす著者一流の遊び心．もちろんこのテキストの核心でもある文脈解釈の難しさを意図的に示すものでもある．

17 XTMでは，トピックマップ上のどんなものでもトピックにできるように，具象化するための考え方を記述する．それらは，関連，関連役割，さらにはトピックマップ自身さえも含むが，ここではそこまでは踏み込まない．これらの懸案事項は，トピックマップ参照モデルおよびトピックマップ規格アプリケーションモデルに関するISO委員会における作業の一部としてさらに明確にされようとしている．

という用語を造語しており，これはトピックマップの宣言部分（トピックの型化を主に行う部分）に使われ，これ自身がトピックマップである．最近の研究が示すところによると，トピックマップのクエリー，トピックマップのクラスに制約をかけるスキーマ，そしてトピックマップと対話的に影響し合う利用者プロファイルは，すべてトピックマップとして表現できる．いささか深遠でさえもある目的のために，社会的ネットワークなどの標準化グラフ構造表現から始まり，多様なスキーマ言語管理に至るまで，トピックマップ利用に関する興味深い取組みが行われてきた次第である．

B.4　まとめ

トピックマップは，複雑な文書の索引の作成・維持・処理にかかわる情報管理の問題を解決するため，従来書籍の巻末索引にもともと備わっていた知識構造の表現手段として息づき始めた．モデルが進化するにつれ，その適用範囲は広がり，索引以外のナビゲーション支援（用語集，シソーラス，クロスリファレンスなど）を包含した．

トピックマップの革新的特長の一つは，HyTime 規格の利用を可能としたことであり，独立（他に依存しない）リンキングと番地付け（addressing）の仕組みを提供したことである．これによって，対象資源から索引を遊離させ，インデクサ（索引作成プログラム）が書込み権限をもっていない資源に対してもその索引を生成できるようになった．

また一方，印字された索引の機能をただ単に模倣する代わりに，トピックマップモデルは，索引を一度に多方向に拡張して一般化することにより，それまで思ってもいなかった方法でのナビゲーションを実現している．トピックマップを利用すれば，どの情報資源が適切なのかを決定する際に，利用者は多次元のトピック知識空間の中を余裕をもって歩き回ることが可能となり，検索対象を見つけるために何メガバイトもあるデータの塊を相手にする必要はない．同様に，トピックマップをもとにしたクエリーは単純な全文検索よりもはるかに正確である．有用ではあっても通常はあまり使われない付随的なものから，情報の主体となるものまで，索引は（トピックマップをもとにした場合）情報の送達・利用における必須要件となることが確実視されている．

トピックマップモデルの一般性と表現力は，索引による通常機能をはるかに超えた利便性をもたらしてくれる．トピックマップに酷似した意味ネットは，情報蓄積に対してトピックマップに接続する出現が全く存在しなくとも，トピックマップがそれ自体で価値のある資源となりうるにはどうすればよいかを提案している．これにより，多様な情報蓄積に重ね合わすことができる「移植可能なトピックマップ（portable topic map）」を作成・販売するための新たなビジネスチャンスが次々と切り開かれるだろう．従来の出版社にとって，今まで蓄えてきた知識と経験を生かして精巧な作りのトピックマップを生み出すことは，今や無料で手に入る膨大な情報によって彼らの存在価値が脅かされることに対抗する新しい手段となりうるだろう．

複雑な知識構造を任意にエンコードし，情報資産にリンクできることは，知識管理の領域においてトピックマップの主要な役割を示している．トピックマップは，共通メモリ内に構成される役割や成果や手続きなどの相互関係を示すことに使われ，それらを対応する文書にリンクすることができる．

話はいつまでも終わりそうにないが，新しいツールの開発，新しいプロジェクトの計画，そして新しい考え方の獲得という好循環を生むような新しい利用法のシナリオを期待せずにはいられない．「索引のない書籍」が「地図のない国」とみなせるならば，たぶんいつの日か「トピックマップのない世界」は「脳のない頭」とみなせるようになるだろう．

■注記

2000年6月にこの文書が最初に出版されてから，多大な労力によってトピックマップの規範が拡張されてきた．XMLトピックマップの一部として開発されたXMLベースの互換構文は，国際規格の一部として採用されてきた．また，新しい作業項目として，トピックマップクエリー言語（TMQL）とトピックマップ制約言語（TMCL）がISOによって認可されてきた．ISO13250は参照モデル（Reference Model）および標準アプリケーションモデル（Standard Application Model[18]）によって増強されており，OASIS技術委員会の多くが出版物に関して作業を行っている．そして，トピックマップと（W3Cによって開発されたメタデータフレームワークである）RDFとの間の関係を理解するために多大な努力が払われている（この最近の課題に関して現在の著者の立場[19]としては，各々が競合するというよりも補完し合うようになるべきであり，両者が連携すると飛躍的な相乗効果を達成することができると考えるものである．最低限でも，RDFメタデータのリッチ・リポジトリはトピックマップ自動生成用に大変有用な情報源となりうるだろう）．これらの活動に関する情報は，[8] を参照のこと．

2002年4月

■謝辞■

トピックマップに関する陰謀に足を踏み入れたときの同僚（現共同製作者），とりわけ熱気あふれる議論を何度も重ねてくれたRafal Ksiezyk, Graham Moore, Hans Holger Rath，あらゆる種類のトピックマップ・ソフトウェアの開発をともにしてくれたGeir Ove Grønmo, Lars Marius Garshol，トピックマップ規格の編集をしてくれたSteve Newcomb, Martin Bryan，ことのほかMichel Biezunski，そして，開発に携わって最高の仕事をしてくれたその他すべての方々，最後に，助言と激励を与えてくれたSylvia Schwab，皆さんに感謝の意を捧げる．

トピックマップに関する製品，実施例，デモ，および詳細情報については，オントピアのウェブサイトhttp://www.ontopia.netをご覧いただきたい．

18 http://www.isotopicmaps.org/sam/を参照のこと．現在，Topic Maps Data Model（TMDM）に名称が変わっている．

19 http://www.ontopia.net/topicmaps/materials/rdf.html を参照のこと．

参考文献

[1] S. Pepper and G. Moore, (eds.), XML Topic Maps (XTM) 1.0 (TopicMaps.Org, http://www.topicmaps.org/xtm/1.0/, 2001) http://www.y-adagio.com/public/standards/tr_xtm/xtm-main.htm

[2] L. S. Bonura, The Art of Indexing, John Wiley, New York, 1994.

[3] N. Walsh and L. Muellner, DocBook: The Definitive Guide, (O'Reilly, Sebastopol, 1999.

[4] C. F. Goldfarb, The SGML Handbook, OUP, Oxford, 1990.

[5] International Organization for Standardization, ISO/IEC 13250, Information technology – SGML Applications – Topic Maps, ISO, Geneva, 2000.

[6] International Organization for Standardization, ISO 2788:1986. Guidelines for the establishment and development of monolingual thesauri, ISO, Geneva, 1986.

[7] International Organization for Standardization, ISO 5964:1985. Guidelines for the establishment and development of multilin-

gual thesauri, ISO, Geneva, 1985.

[8] Ontopia: Learn more about topic maps, http://www.ontopia.net/topicmaps/learn_more.html

[9] S. Pepper, "Navigating Haystacks, Discoveing Needles", Markup Languages: Theory and Practice, Vol. 1, No. 4, MIT Press, 1999.

[10] S. Pepper and G. O. Gronmo, Towards a General Theory of Scope, http://www.ontopia.net/topicmaps/materials/scope.htm

[11] D. Pogue and S. Speck, Opera for Dummies, IDG Books, Chicago, 1997.

[12] R. L. Ruggles, ed., Knowledge management tools, Butterworth-Heinemann, Boston, 1997.

[13] J. Sowa, Conceptual Structures, Addison-Wesley, Reading, 1984.

[14] J. Sowa, Knowledge Representation: Logical, Philosophical and Computational Foundations, Brooks-Cole, Pacific Grove, 2000.

[15] ANSI/NISO, Z39.19. Guidelines for the construction, format and management of monolingual thesauri, ANSI/NISO, Bethesda, 1993.

付録 C

OKS Samplersの使い方

本書の付録として，ノルウェーのOntopia社が販売しているOKSを用いて作られたサンプルアプリケーション，OKS Samplers[1]を収録している．以下にそのインストール方法と，使用方法について解説する．

C.1 OKS Samplersのインストール

C.1.1 OKS Samplersの概要

〔1〕 含まれるアプリケーション

OKS Samplersには，OKSを用いて開発された複数のトピックマップアプリケーションが含まれている．これは，製品版のOKSに含まれるものと同等（一部を除く）のものである．

（1） Omnigator

任意のトピックマップをロードし，ブラウズできるWebベースのアプリケーション．トピックマップの基本概念を理解したり，自分で作成したトピックマップの検証ツールとして用いることができる．

（2） Ontopoly

オントロジベースのトピックマップエディタ．Webアプリケーション上でトピック

---

[1] OKS Samplersは，Ontopia社のサイト（http://www.ontopia.net/download/freedownload.html）からもダウンロードできるが，付録に収録されているものは，Ontopia社のご好意により提供していただいた本書特別版である．

や関連，出現といったトピックマップの構成要素を，構文を気にすることなく作成することができる．

（3） Vizigator[2]

トピックマップをロードし，トピックや関連をビジュアルなグラフとして表示するツール．グラフ上に表示される情報をさまざまに操作することができる．

〔2〕 必要なもの

OKS Samplersを動作させるには，Java実行環境が必要になる．以下のいずれかが必要．

- Java 2 Software Development Kit（JDK）1.3以上
- Java 2 Runtime Environment（JRE）1.3以上

PCにすでにJava実行環境がインストールされているか否かを確かめるために，コマンドラインから，以下の命令を実行し確認する．

```
C:¥>java-version
java version "1.4.2"
Java (TM) 2 Runtime Environment, Standard Edition (build 1.4.2)
Classic VM (build 1.4.2, J2RE 1.4.2 IBM Windows 32 build cn142-20040926 (JIT enabled: jitc))
※windowsでの実行例
```

上記例のように動作しない場合はJava実行環境がPCにインストールされていないので，必要なプログラムを入手し，PCにインストールする必要がある．このインストール方法については，付属のドキュメントなどを参考にすること．

〔3〕 環境変数の設定

OKS Samplersを起動する前に，JAVA_HOMEまたはJRE_HOME環境変数のいずれかを設定しておく必要がある．この環境変数には，JDKまたはJREをインストールしたトップディレクトリのパスを設定する．

---

[2] Vizigatorは，VizDesktop，Vizlet，および，VizPluginから構成されるが，本書特別版OKS Samplersには，以下が含まれている．

- VizDesktop：トピックマップグラフィックブラウザ（Javaアプリケーション）
- VizPlugin：トピックマップグラフィックブラウザVizlet（Applet）のOmnigator用のplug-in

Windowsの場合

1. 「コントロールパネル」の「システム」アイコンを開き「システムのプロパティ」ウィンドウを表示する.
2. 「詳細設定」タブを開く.
3. 「環境変数」ボタンを押し，システム変数として「JAVA_HOME」と入力する.
4. JDKまたはJREがインストールされているトップディレクトリに設定する．例えば，JDKがc:¥j2sdk1.4.2にインストールされている場合，このパスをJAVA_HOMEの値として設定する.

C.1.2 OKS Samplersのインストール手順

付属のCD-ROMからOKS Samplersをインストールする手順を以下に示す.

1. OKS Samplersのインストーラファイル（oks-samplers.zip）を自分のPCにコピーする.
2. oks-samplers.zipを解凍し，適当なフォルダに配置する．例えば，Windowsの場合，Cドライブの直下に配置する（c:¥oks-samplers）．他のOSを使用している場合は，適宜読み替えること.
3. インストールの完了

C.1.3 起動と停止の手順

（1）Windowsの場合

C:¥oks-samplers¥apache-tomcat¥binフォルダの中に，起動用と停止用二つのバッチファイルがある．これをエクスプローラからダブルクリックすればよい.

起動用：startup.bat

停止用：shutdown.bat

（2）MacOSやLinuxなどその他のプラットフォームの場合

Windowsの場合と同じフォルダの中に，起動用と停止用二つのシェルスクリプトファイルがある．こちらを使用すること.

起動用：startup.sh

停止用：shutdown.sh

OKS Samplersが正しく起動されたかを確認するには，Webブラウザを起動し，次のアドレス（URL）にアクセスする．

```
http://localhost:8080/
```

ブラウザに次の画面が表示されれば正しく起動されている．これをOKS Samplersのホーム画面と呼ぶ．ホーム画面には，Ontopoly①，Omnigator②，Vizigator③各々のアプリケーション画面へのリンク，操作方法のオンラインマニュアル④（英文）へのリンクが含まれている（図C-1）．

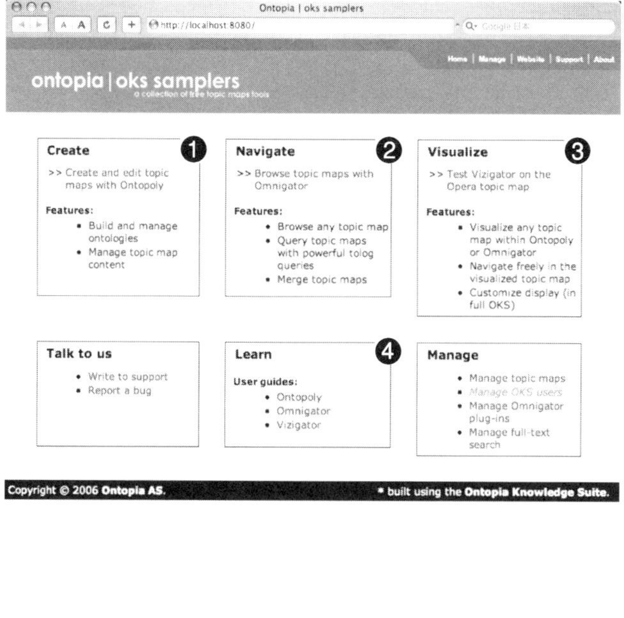

図C-1　OKS Samplersホーム画面

C.2 アプリケーションの使い方

C.2.1 Omnigator

〔1〕Omnigatorの使い方

ホーム画面のメニューから，Browse topic maps with Omnigatorのリンクをクリックすると，Omnigatorのメニュー画面が表示される（図C-2）．

この画面では，Omnigatorを使ってブラウズできるトピックマップを一覧①の中から選ぶことができる．一覧の中には，あらかじめOntopia社によって作成されたさまざまなトピックマップのサンプルが格納されている．この一覧に表示されるトピックマップは，以下のフォルダ内に置かれたファイル[3]である．自分で作成したトピックマップをブラウズしたい場合は同様に，このフォルダ内にファイルを置けばよい．

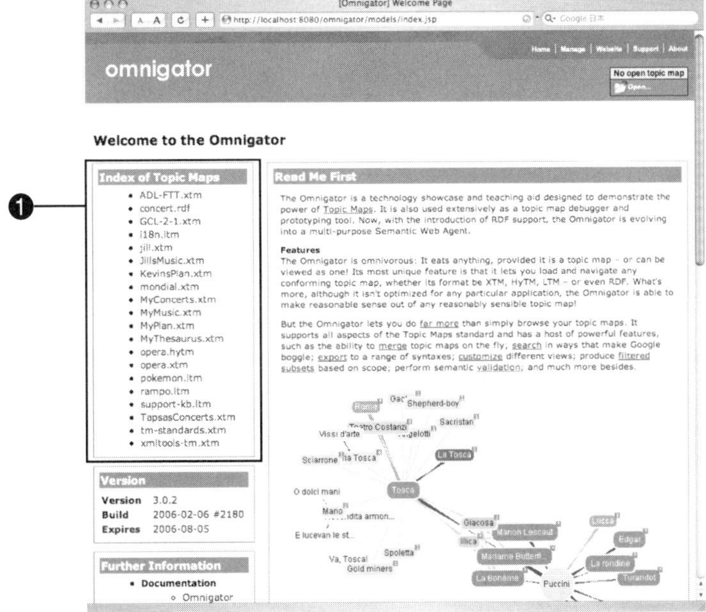

図C-2 Omnigatorメニュー画面

---

[3] ファイルの拡張子がxtm, ltm, hytmのものに限られる．

Omnigatorでブラウズ可能なトピックマップ格納フォルダ

```
C:¥oks-samplers¥apache-tomcat¥webapps¥omnigator¥WEB-INF¥topicmaps
```

※ ここではOKS SamplersをC:¥oks-samplersにインストールしている．

本書中で例題としてきた江戸川乱歩トピックマップも同じく付録CD-ROMに収録してある．これをOmnigatorを使いブラウズする場合は，上記フォルダの中にファイルをコピーすればよい．

Omnigatorを起動した後にフォルダに追加したトピックマップは一覧にすぐに表示されない場合がある．その場合，管理画面を開き，Refresh Sourcesボタン①を押し，一覧の更新を行うとよい（図C-3）．

〔2〕トピックマップのブラウズ

一覧からブラウズするトピックマップを選択した後は，そこに含まれるさまざまな

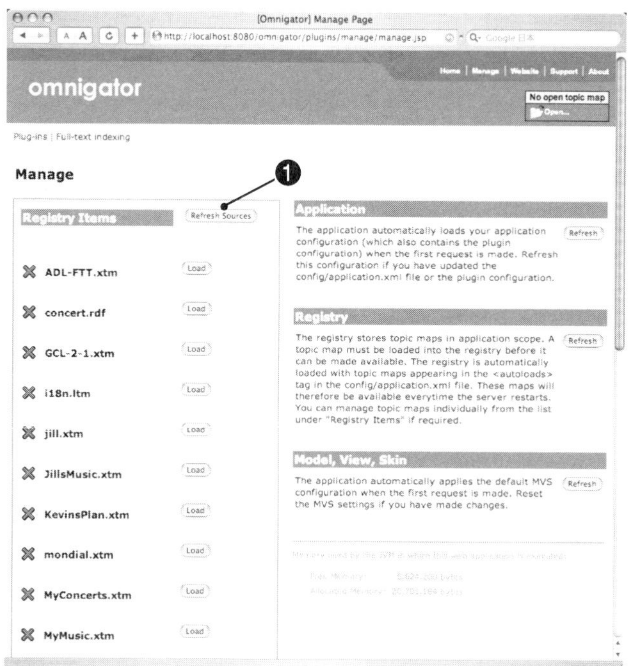

図C-3　Omnigatorの管理画面（トピックマップ一覧の更新）

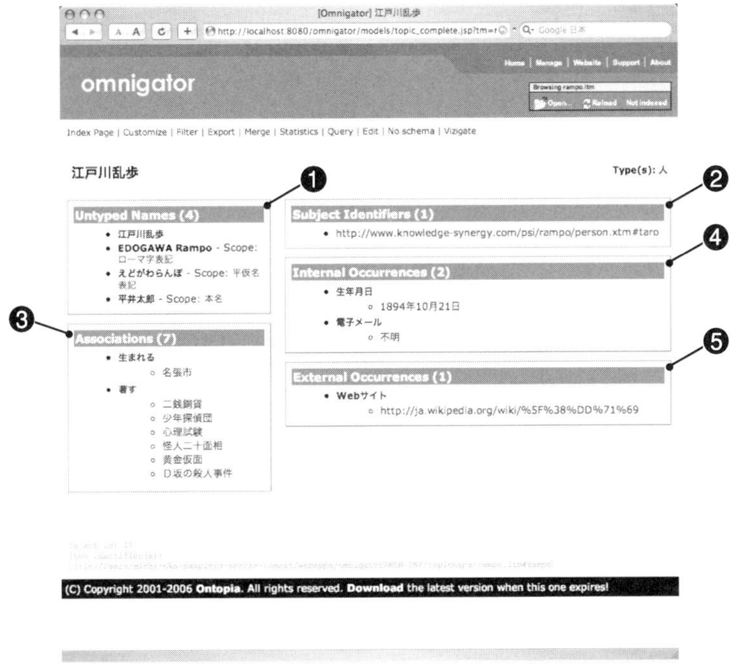

図C-4　江戸川乱歩（人）トピックを参照

トピックや関連，出現が画面に表示される．それらはすべてリンクになっているので，マウスクリックによりトピックマップの中を詳細に参照することができる．以下は江戸川乱歩トピックマップから，江戸川乱歩（人）トピックを参照している例である（図C-4）．

この画面では，以下のトピックマップを構成する要素が一覧されている．

- トピック名 ①
- 主題識別子 ②
- 関連 ③
- 出現（内部）④
- 出現（外部）⑤

〔3〕 トピックマップに対する問合せの実行

Omnigatorでは，ブラウズしているトピックマップに対し，tologと呼ばれる問合せ言語を用いた問合せを行うことができる．例として，江戸川乱歩トピックの中から小

図C-5　tologによる問合せの例

説（トピック型：novel）の一覧を得てみる．tologによる問合せは以下のように書く．

```
select $TOPIC from instance-of ($TOPIC, novel) ?
```

これをOmnigatorの問合せ画面に入力実行すると，結果が得られる（図C-5，図C-6）．

このほかに，Omnigatorではトピックマップに含まれる有効範囲を用いた表示の制限や，他の形式のファイルにトピックマップをエクスポートを行うことができる．これらは，各々以下の専用の画面から行う（図C-7，図C-8）．

C.2.2　Ontopoly

〔1〕Ontopolyの使い方

Ontopolyは，Webブラウザベースのトピックマップ編集ツールである．ホーム画面

図 C-6　tolog による問合せの結果

図 C-7　有効範囲の設定画面

図C-8　ファイルへのエクスポート画面

よりリンクをクリックすると，メニュー画面が表示され，新規トピックマップの作成，既存のトピックマップの編集を行うことができる（図C-9）．

既存のトピックマップ編集には，Ontopolyを用いて作成したトピックマップと，それ以外では初回の操作が異なる．Ontopolyを用いて作成した場合，表示される一覧①から目的のトピックマップを選択すればよい．

それ以外のトピックマップについては，Omnigatorの項で述べたブラウズ対象フォルダ内のトピックマップが編集可能である②．ただし，これにはいったんOntopolyが必要とする専用のトピックマップ要素を組み込み，新たなトピックマップとして保存し直す必要がある．そのようなトピックマップを選択した場合，専用の変換画面が自動的に開くので，新たな名前を付け保存すればよい（図C-10）．

新規にトピックマップを作成する場合は，入力欄③にトピックマップの名前を入力し，Createボタンを押す．

〔2〕トピックマップの編集

Ontopolyを用いたトピックマップの編集操作は，オントロジの編集，インスタンス

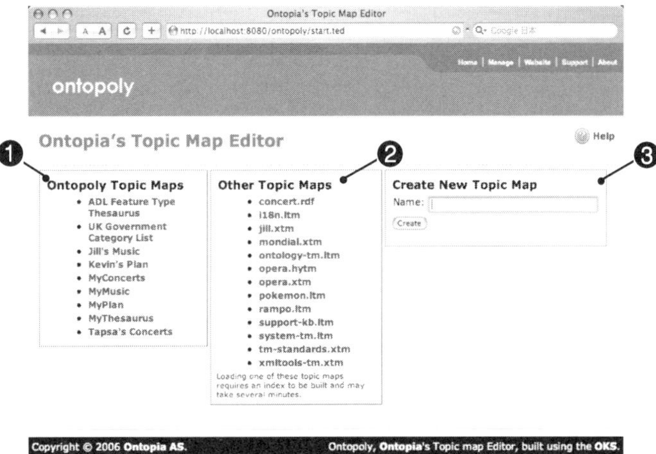

図C-9　Ontopolyメニュー画面

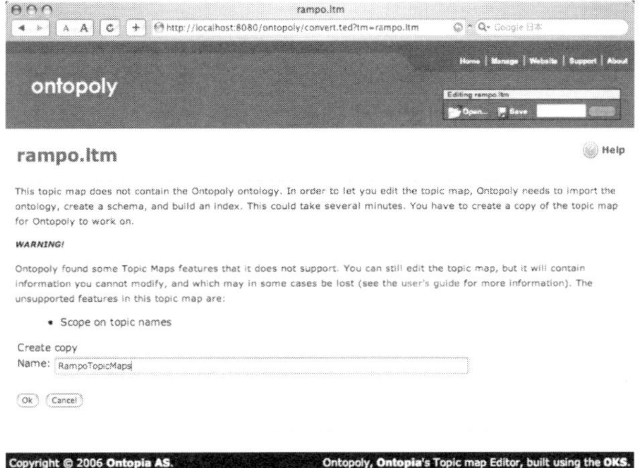

図C-10　Ontopoly用トピックマップ変換画面

の編集に分かれる．

（1）オントロジの編集

オントロジの編集では，以下の要素について型の定義と編集を行うことができる．

- トピック
- 出現
- 関連
- 役割
- 名前

これらの中から，トピックの型，出現の型，関連の型を定義する様子を順に解説する．

（a）トピックの型の定義（図 C-11）

トピックの型定義では，その名前①と，その型のトピックがもつべきフィールド (field) ②を設定する．フィールドとは，名前や出現，関連といったその型のトピック

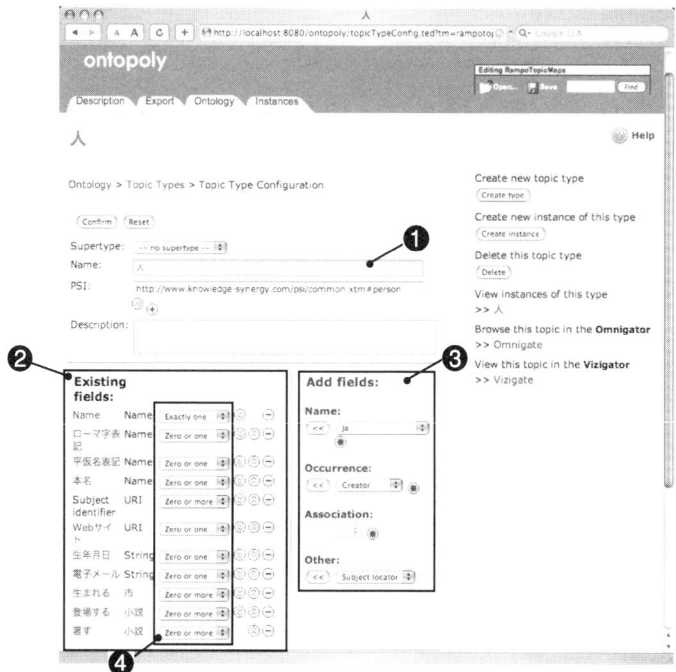

図 C-11　オントロジ（トピックの型）の編集

がもつまたはかかわる情報の総称である．各フィールドは，出現の型，関連の型などとして別途定義されたものを一覧から選び追加する③．

また，フィールドごとにその型のトピックがもつべき数の制約を以下の種類で設定することができる④．

- 必ず一つ
- 一つまたはそれ以上
- 0またはそれ以上
- 0または1

（b） 出現の型の定義（図C-12）

出現の型の定義では，その名前①，データの種類を設定する．XTMやLTMといったトピックマップの構文では，出現の値を表すには単なる文字列が用いられる．これが，単なる文字列なのか，数値なのか，URIなのかを厳密に区別するため，Ontopolyではデータの種類を以下から選択することができる②．

- Date（ISOフォーマットによる日付）

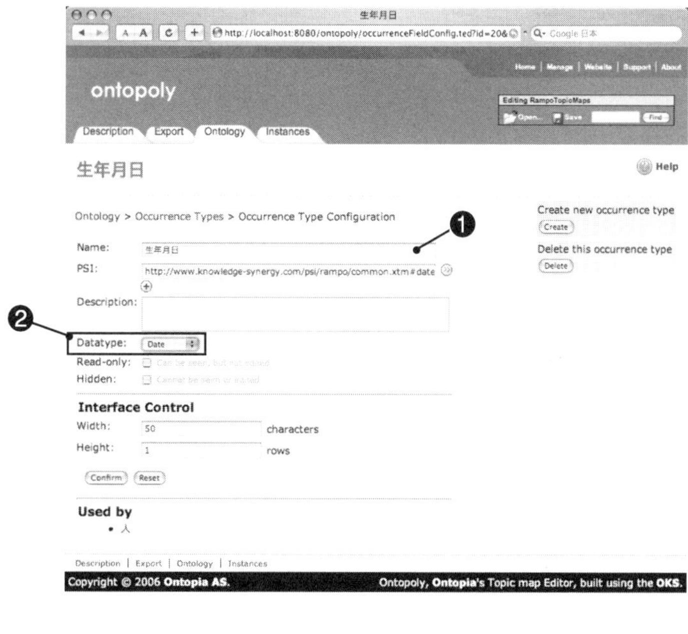

図C-12 オントロジ（出現の型）の編集

- Datetime（ISOフォーマットによる日付＋時間）
- Number（数字）
- String（文字列）
- URI

（c）関連の型の定義（図C-13）

関連の型の定義では，名前①とその関連を構成する役割②を設定する．役割は以下の要素を定義済みのものの中から選択し設定する．

- 役割の型③
- その役割となることができるトピックの型④

（2）インスタンスの編集

オントロジの定義ができると，次はそれを使ったインスタンスの編集を行う．ここでいうインスタンスとは，江戸川乱歩トピックマップにおける「江戸川乱歩」や「怪人二十面相」といった各トピックおよびそこに含まれる出現，関連を指している（図

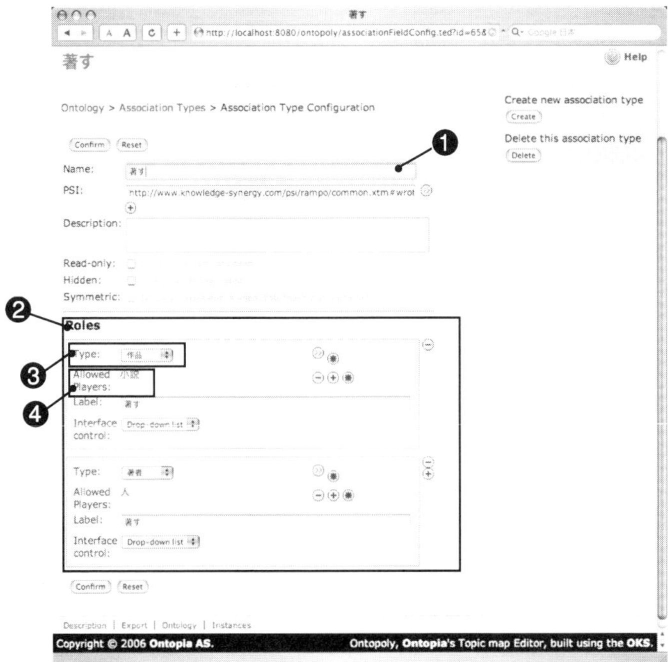

図C-13　オントロジ（関連の型）の編集

図C-14　インスタンスの編集

C-14).

インスタンスは，あるトピックの型を選択し，そこからインスタンス作成を行う．新規にインスタンスを作成した場合，トピックの型定義で行った必要なフィールドの入力欄が自動的に用意されるので，内容を埋めていくだけでよい．

C.2.3　Vizigator

〔1〕 Vizigatorの使い方

ホーム画面のメニューからVizigatorを起動した場合，Ontopia社が作成したサンプルのオペラトピックマップが自動的に表示される．自分で作成したトピックマップやその他のサンプルトピックマップを表示する場合は，OmnigatorまたはOntopolyからVizigatorを呼び出し行う．江戸川乱歩トピックを表示した例を以下に示す（図C-15）．

ここでは，トピックはグラフのノード①として，関連はノード間のアーク②として表現される．このほか，Vizigatorの画面要素には次の機能が用意されている．

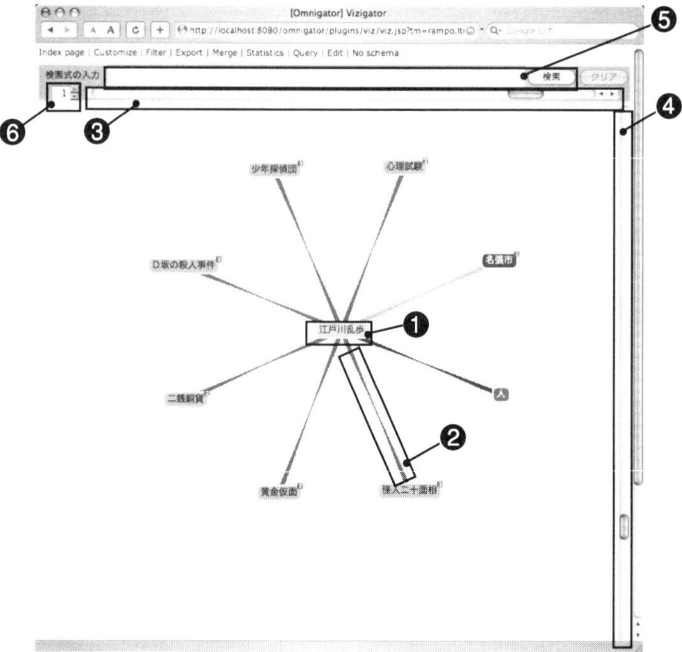

図 C-15　Vizigator の表示例

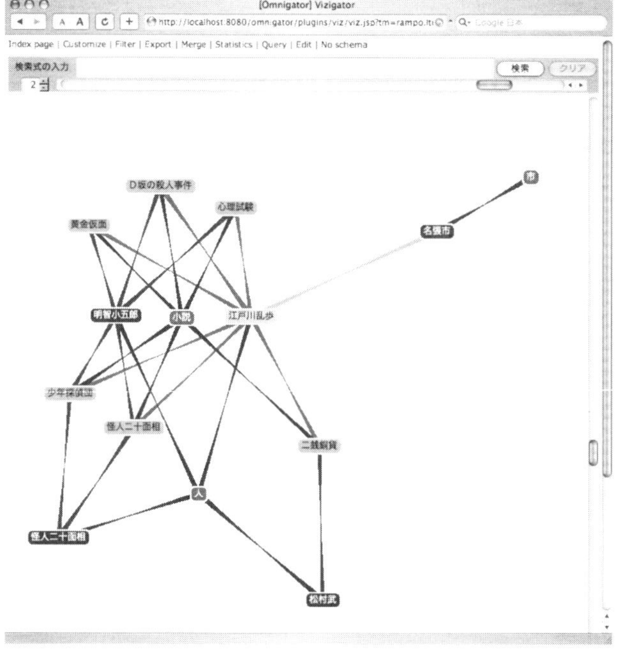

図 C-16　表示レベルを拡張した例

- スクロールバー（横）：画面の拡大/縮小③
- スクロールバー（縦）：画面のスクロール④
- 検索：入力した名前に一致するトピックを検索し，ハイライトする⑤
- 数字：中心となるトピックからたどり，画面に表示する関連の数（表示レベル）⑥

江戸川乱歩トピックを表示した状態で，表示レベルを2に変更した結果を図C-16に示す．

C.2.4 VizDesktop

〔1〕 VizDesktopの使い方

VizDesktopの起動方法は，以下のとおりである．

（1） Windowsの場合

C:¥oks-samplers¥binフォルダの中に，起動用のバッチファイルがある．これをエクスプローラからダブルクリックすればよい．

起動用：vizdesktop.bat

（2） MacOSやLinuxなどその他のプラットフォームの場合

Windowsの場合と同じフォルダの中に，起動用のシェルスクリプトファイルがある．こちらを使用すること．

起動用：vizdesktop.sh

起動するとVizDesktop画面が表示される．メニューバーから「ファイル」―「トピックマップの読込み」を選択し，トピックマップファイルを指定する．例えば，CD-ROMに収録してあるトピックマップを，適当なフォルダにコピーし指定する．

「初期トピックの選択」画面が表示されるので適当なトピックを選択して，“OK”ボタンを押すと，初期選択をしたトピックを中心にしたグラフ図が表示される．

参考URL

[1] OKS Samplers最新版のダウンロードページ
http://www.ontopia.net/download/freedownload.html

[2] J2SEダウンロードページ
http://java.sun.com/javase/downloads/index.html

付録D

CD-ROMについて

本書に付属するCD-ROMは，次のディレクトリとファイルを含む.

D.1 トピックマップツール

トピックマップツールとして，OKS Samplersと，TM4L EditorおよびViewerが収録してある.

OKS Samplersは，Ontopia社のご好意により，本書用の特別版を提供していただいた. Ontopia社のサイト（http://www.ontopia.net/download/freedownload.html）からフリーダウンロードできるOKS Samplersの機能（Omnigator，Ontopoly，および，Vizigator）に加えて，VizDesktopが含まれている.

TM4L EditorおよびViewerは，Winston Salem State大学のDarina Dicheva教授のご好意により提供していただいた.

ディレクトリ/ファイル	ファイルの内容
tools/oks-smaplers/oks-samplers.zip	OKS Samplers Ontopia社提供のトピックマップツール（本書用の特別版） 使い方については付録C参照
tools/tm4l/tm4l-editor/tm4l-1.0-bin.zip	TM4L Editor Winston Salem State University, Darina Dicheva教授の TM4Lプロジェクトで開発中のトピックマップツール
tools/tm4l/tm4l-viewer/tm4l_viewer-0.1-bin.zip	TM4L Viewer （同上）
tools/tm4l/LICENSE-TM4L.txt	TM4Lライセンス

注）OKS Samplersのためには，JDK 1.3以上，TM4L Editor/Viewerのためには，JDK 1.5以上が必要である.

使用に際して，OKS Samplersについては，copyright.txtを，TM4Lについては，LICENSE-TM4L.txt，および，TM4L Editor，Viewerに含まれているLICENSEファイルをよく読んでほしい．

D.2 サンプルトピックマップ

D.2.1 江戸川乱歩トピックマップ

本書を通して使用している江戸川乱歩に関連するトピックマップおよびファイルが収録してある．ぜひ，Omnigator，VizDesktop等で，試していただきたい．

ディレクトリ/ファイル	ファイルの内容
sample-topicmaps/rampo/hirai-family1.ltm	平井家の家系図トピックマップ（LTM形式）
sample-topicmaps/rampo/rampo1.ltm	江戸川乱歩トピックマップ（LTM形式）
sample-topicmaps/rampo/rampo.xtm	江戸川乱歩トピックマップ（XTM形式）
sample-topicmaps/rampo/rampo_syntax_sample.ltm	江戸川乱歩トピックマップ（LTM形式） （2.3節の構文の解説に関係するトピックマップ構成要素に絞ったもの．ただし，トピックマップを完結させるために，解説に含まれない構成要素も含む）
sample-topicmaps/rampo/rampo_syntax_sample.xtm	江戸川乱歩トピックマップ（XTM形式） （2.3節の構文の解説に関係するトピックマップ構成要素に絞ったもの．ただし，トピックマップを完結させるために，解説に含まれない構成要素も含む）
sample-topicmaps/rampo/sample-query1.txt	1.3節で使用のtolog検索式

D.2.2 デジタル写真館トピックマップ

本書4.2節で利用しているデジタル写真館関連のトピックマップおよびファイルが収録してある．Omnigatorで試すときは，photosディレクトリを，omnigatorディレクトリの直下に置くこと（OKS SamplersをWindowsのCドライブの直下にインストールした場合は次のパスになる．C:¥oks-samplers¥apache-tomcat¥webapps¥omnigator）．

4.2節を参考にして，ぜひ，自身のデジタル写真館を作っていただきたい．

ディレクトリ/ファイル	ファイルの内容
sample-topicmaps/photo-gallery/photo-gallery-ontology1.xtm	デジタル写真館トピックマップ（XTM 形式）のオントロジ部分（4.2 節で使用）
sample-topicmaps/photo-gallery/photes/100_0144.JPG	写真のサンプル

D.2.3 その他のサンプルトピックマップ

その他のトピックマップの例として，Johann Sebastian Bach の家系図トピックマップ，植物写真および植物タクソノミのトピックマップ，天皇の系図トピックマップが収録してある．これらのトピックマップも，ぜひ，Omnigator，VizDesktop 等で試していただきたい．また，家系図トピックマップについては，ぜひ，自身の家系図トピックマップを作っていただきたい．

ディレクトリ/ファイル	ファイルの内容
sample-topicmaps/others/bach-family1.ltm	バッハ家の家系図（LTM 形式）
sample-topicmaps/others/botanic0.ltm	植物写真のトピックマップ（LTM 形式）
sample-topicmaps/others/botanic-taxonomy1.ltm	植物タクソノミ（LTM 形式） botanic0.ltm とのマージ可能
sample-topicmaps/others/pictures/pictures/100_0250.JPG	植物写真トピックマップ用の写真 botanic0.ltm のオカレンス
sample-topicmaps/others/pictures/pictures/100_0258.JPG	同上
sample-topicmaps/others/pictures/pictures/100_0260.JPG	同上
sample-topicmaps/others/pictures/pictures/100_0267.JPG	同上
sample-topicmaps/others/pictures/pictures/100_0295.JPG	同上
sample-topicmaps/others/pictures/pictures/100_0361.JPG	同上
sample-topicmaps/others/pictures/pictures/100_0369.JPG	同上
sample-topicmaps/others/emperor1.ltm	天皇の系図トピックマップ（LTM 形式）

D.3 DTD

XML 構文のDTD が収録してある．XML構文を詳細に調べたいときに参照していただきたい．

ディレクトリ/ファイル	ファイルの内容
dtd/xtm1.dtd	xml構文（XTM 1.0）のDTD

CD-ROM 使用上の注意

（1） 本書に付属するCD-ROMに収録されている文書，プログラムデータなどは，すべて使用者の責任においてご使用ください．使用したことにより生じた，いかなる直接的，間接的損害に対しても，編著者，当出版局は一切の責任を負いません．

（2） 本書に付属するCD-ROMに収録されている内容の著作権その他の権利は，その内容の制作者に帰属します．

（3） 本書に付属するCD-ROMに収録されている内容の無断複製・転載・再配布などはしないでください．

（4） 本書および付属CD-ROMにて使用されているブランド名および製品名は個々の所有者の登録商標もしくは商標です．

付録 E

用語解説

用語として，2006年8月にISとして出版された「ISO/IEC 13250 part-2 データモデル」で定義されている用語と，既存の「ISO/IEC 13250 トピックマップ」で定義されている用語を収録した．ISO/IEC 13250 part-2 で定義されている用語には，■の印が，そして，既存のISO/IEC 13250で定義されている用語には，■の印が付けてある．

■ 番地付け可能な情報資源（addressable information resource）（旧）

その識別性が計算可能な情報資源．ここで，識別性が計算可能とは，コンピュータシステムが，その資源を検索可能であって，その資源と他の資源との間で，それらが同一か異なっているかを確定するために，決定論的な比較が可能なこととする．この規定文書のオンライン版は，番地付け可能な情報資源の例である．この規定では，資源という用語は，特に記述のない限り，番地付け可能な情報資源と同義に使用される．

■ 番地付け可能な主題（addressable subject）（旧）

文書作成者がそれによって意味したことに基づくのではなく，それ自体で主題として考えられる番地付け可能な情報資源．番地付け可能な主題の識別性は，定義によって，直接的に計算可能とする．番地付け不可能な主題（non-addressable subject）を参照すること．

■ 関連（association）（新）

一つ以上の主題（subject）間の関係の表現．

■ 関連（association）（旧）

(a) <association>要素によって表明されたトピック間の関係．

(b) <association>要素．

■ 関連役割（association role）（新）

関連によって表現された関係に主題が関与していることの表現.

■ 関連役割型（association role type）（新）

関連における関連役割プレーヤの関与の性質を記述する主題.

■ 関連型（association type）（新）

その型の関連によって表現された関係の性質を記述する主題.

■ 関連型（association type）（旧）

（a） 関連のクラスの一つ.
（b） <association> 要素の <instanceOf> 子要素によって指定された関連のクラス．関連は，ただ一つのクラスだけに属してもよい.
（c） 主題が関連のクラスであるトピック.

■ 基底名（base name）（旧）

（a） <topic> 要素の子要素（<baseName>）.
（b） <baseNameString> 要素の内容によって提供されるトピックの名前特質．基底名は，与えられた有効範囲の中で一意でなければならない（トピック名前付け制約（topic naming constraint）参照）.

異形名（variant name）も参照すること.

■ 特質（characteristic）（旧）

トピック特質（topic characteristic）を参照すること.

■ 無矛盾トピックマップ（consistent topic map）（旧）

附属書 F：XTM 処理要件[1]に定義されているとおりに，主題ごとに一つのトピックが存在し，更なる併合または重複抑制の機会がないトピックマップ.

■ 情報資源（information resource）（新）

バイト列としての資源の表現，したがって潜在的にネットワーク上で検索されうる.

■ 項目識別子（item identifier）（新）

参照可能にするために情報項目に割り当てられたロケータ.

---

[1] XML Topic Maps（XTM 1.0）規格の Annex F: XTM Processing Requirements のことである.

■ ロケータ（locator）（新）

一つ以上の情報資源を参照するロケータ記法に適合する文字列.

■ メンバ（member）（旧）

(a) <association>要素の子要素（<member>）.

(b) 関連において特定の役割を演じるトピックの集合.

■ 併合（merging）（新）

冗長なトピックマップ構成物を除去するためにトピックマップに適用される処理.

■ 併合（merging）（旧）

(a) 明示的な<mergeMap>指令の結果として，または応用特有の理由のために，二つのトピックマップを併合する処理.

(b) 二つのトピックを併合する処理.

併合のすべての形式を支配する規則は，附属書F：XTM処理要件[1]に与えられる.

■ 番地付け不可能な主題（non-addressable subject）（旧）

コンピュータシステムの境界の外に存在し，そのために，その識別性が計算可能ではない主題. 番地付け不可能な主題の例としては，William Shakespeare，演劇Hamletpおよびその1604–1605年版，登場人物Hamlet，復讐の概念，Shakespeare & Companyという組織などがある. 番地付け不可能な主題の識別性は，間接的にだけ，例えば主題指示子の使用を通してだけ，確定できる.

■ 出現（occurrence）（新）

主題と情報資源間の関係の表現.

■ 出現（occurrence）（旧）

(a) <topic>要素の子要素（<occurrence>）.

(b) トピック出現のこと［トピック出現（topic occurrence）を参照］.

■ 出現型（occurrence type）（新）

その型の出現によって連結された主題と情報資源間の関係の性質を記述する主題.

■ 出現型（occurrence type）（旧）

(a) トピック出現のクラスの一つ.

(b) <occurrence>要素の<instanceOf>子要素によって指定されるトピック出現のクラス. 出現は，ただ一つのクラスにだけ属することができる.

(c) 主題がトピック出現のクラスであるトピック.

■ パラメータ (parameters) (旧)

(a) <variant>要素の子要素 (<parameters>).

(b) トピックの集合の形式による, 異形名のための適切な処理文脈を表現する情報.

■ 処理済みトピックマップ (processed topic map) (旧)

附属書F：XTM処理要件[1]において定義されるとおりにXTM処理応用によって処理済みトピック, 関連及び有効範囲の集まり.

■ 処理要件 (processing requirements) (旧)

附属書F：XTM処理要件[1]において定義されるとおりに適合XTMプロセッサによって実行される処理に関する要件.

■ PSI (旧)

公開主題指示子 (published subject indicator) を参照すること.

■ 公開主題指示子 (published subject indicator) (旧)

トピックマップの交換および併合可能性を促進するために, 公表された番地上で公開され, 維持管理される主題指示子.

■ 具体化 (reification) (新)

同じトピックマップの中で他のトピックマップ構成物の主題を表現するトピックを生成する行為.

■ 具体化 (reification) (旧)

トピックを生成する行為. 何かが具体化されるとき, その何かは, このように生成されるトピックの主題になる. そのために, 何かを具体化するとは, その何かが主題となるトピックを生成することになる. 主題の具体化は, それを具体化するトピックにトピック特質が割り当てられることを許す. 言い換えれば, 具体化は, トピックマップの考え方による用語の範囲で, その主題について論じることを可能にする.

■ 資源 (resource) (旧)

番地付け可能な情報資源 (addressable information resource) を参照すること.

■ 役割（role）（旧）

トピックが関連のメンバとして演じる役割．すなわち，その関連の中にトピックがかかわる性質．

■ 有効範囲（scope）（新）

ステートメントが有効な文脈．

■ 有効範囲（scope）（旧）

(a) トピック特質割当てが有効となる範囲．その中で，名前または出現が，与えられたトピックに割り当てられる文脈であって，複数のトピックが，関連を通して関係づけられる文脈．

(b) <scope>要素を通じて指定されるトピックの集合．

制約のない有効範囲（unconstrained scope）も参照すること．

この規定は，応用が有効範囲をどのように解釈するかについては制約をおかない．

■ ステートメント（statement）（新）

主題についての主張または表明（その主題はトピックマップ構成物であってもよい）．

■ 主題（subject）（新）

存在しているかどうか，または他の特定の特質をもっているかどうかにかかわらず，それについていかなる手段で表明してもよいあらゆるもの．

■ 主題（subject）（旧）

(a) 人間が語ったり心に抱いたりできるあらゆるもの．最も一般的な意味において，主題とは，存在しているかどうか，または他の特定の特質をもっているかどうかにかかわらず，それについていかなる手段で表明してもよいあらゆるもののこととする．

(b) トピックマップの作成者が論じるために選ぶあらゆるもの．

(c) トピックマップにおけるトピックによって具体化されるあらゆるもの．トピックの組織化の原理にもなる．人間は，トピックの主題を決めるための究極的な権威者とする．主題識別性（subject identity）および主題指示子（subject indicator）も参照すること．

■ 主題識別子（subject identifier）（新）

主題指示子を参照するロケータ．

■ 主題識別性（subject identity）（旧）

（a）<topic>要素の<subjectIdentity>子要素.

（b）二つの主題を同一とする，または一つの主題をもう一方の主題と区別するもの.主題識別性の決定は，公開主題指示子の使用によって支援され，自動化されてもよい.

（c）附属書F：XTM処理要件[1]において定義されるとおりにトピックを併合するための基準.

■ 主題指示子（subject indicator）（新）

人に対してトピックによって表現される主題をあいまいなところなしに識別する試みにおいて，トピックマップから参照される情報資源.

■ 主題指示子（subject indicator）（旧）

トピックマップの作成者が，主題の識別性の，明白であいまいでない指示の提供を意図した資源．トピックマップには，主題を指示する次の三つの方法が存在する.

（a）同じ主題を共有する<topic>要素への<topicRef>要素を通じての指示.

（b）主題を指示する資源への<subjectIndicatorRef>要素を通じての指示.

（c）主題である資源への<resourceRef>要素を通じての指示.

主題指示子によって指示された主題は，番地付け不可能でも番地付け可能でもよい.（c）の場合には，主題は資源なので，必然的に番地付け可能となることに注意すること.

■ 主題ロケータ（subject locator）（新）

トピックの主題である情報資源を参照するロケータ.

■ トピック（topic）（新）

主題についてのステートメントを作成可能にするために，ただ一つだけの主題を表現するためにトピックマップの中で使用される記号.

■ トピック（topic）（旧）

（a）ある主題に対してプロキシとして振る舞う資源．すなわち，その主題のトピックマップシステムにおける表現．トピックとその主題との間の関係は，具体化の一つとして定義される．主題の具体化は，その主題を具体化するトピックにトピック特質が割り当てられることを可能にする.

（b）<topic>要素.

■ トピック特質（topic characteristic）（旧）

以下の一つ.

(a) トピック名

(b) トピック出現

(c) 関連においてトピックが演じる役割

トピックの名前，出現，および関連の中で演じる役割は，トピックの特質として集合的に知られている.

トピック名（topic name），トピック出現（topic occurrence）および役割（role）も参照すること.

■ トピック特質割当て（topic characteristic assignment）（旧）

与えられたトピックが特定の特質をもっていることを表明する行為. それら表明は，ある有効範囲内で有効とする.

■ トピックマップ（topic map）（新）

トピックと関連の集合.

■ トピックマップ（topic map）（旧）

(a) 次の二つの形式のうちの一つとして存在してよい，トピック，関連および有効範囲の集まり.

(1) 直列化された交換形式（例えば，XTM 構文で表現されたトピックマップ文書）.

(2) 附属書 F：XTM 処理要件[1]が制約するとおりの，応用の内部形式.

(b) XTM 構文を使用して表現されたトピックマップ文書の文書要素（<topicMap>）.

■ トピックマップ構成物（topic map construct）（新）

トピックマップの構成要素. それらは，トピックマップ，トピック，トピック名，異形名，出現，関連，または，関連役割である.

■ トピックマップ文書（topic map document）（旧）

この規定に適合する一つ以上のトピックマップを含む文書. 記憶または交換のために，この規定または他の規定によって規定される構文で，直列化してもよい.

■ トピックマップノード（topic map node）（旧）

トピック，関連または有効範囲を表現する（トピックマップのシステム内部表現による）オブジェクト．

■ **トピックマップ技術**（Topic Maps）（新）

知識を記号化し，この記号化された知識を関連がある情報資源に結び付けるための技術．

■ **トピック名**（topic name）（新）

基底名として知られている基本形，および，異形名として知られている基本形の異形からなるトピックの名前．

■ **トピック名**（topic name）（旧）

（a）トピックの基底名特質．ただし，これには，基底名の異形（名）も含む．

（b）（非形式的定義）<baseNameString> 要素を使用して，トピックの名前として指定された文字列．

■ **トピック名型**（topic name type）（新）

その型のトピック名の性質を記述する主題．

■ **トピック名前付け制約**（topic naming constraint）（旧）

同じ有効範囲内で同じ基底名をもつトピックは，暗黙的に同じ主題を参照し，そのために，併合されることが望ましい，という，トピックマップの考え方によって課された制約．

■ **トピック出現**（topic occurrence）（旧）

与えられた主題に対し関係するとして指定されている情報を含む資源．XTM トピックマップにおいて表現されるためには，それら資源は，次のいずれかでなければならない．

（a）<resourceRef> 要素を使用し URI を通じて番地付け可能．

（b）<resourceData> 要素として行内に置かれることが可能．

■ **トピック型**（topic type）（新）

主題の集合において，ある共通性をとらえた主題．

■ **トピック型**（topic type）（旧）

（a）トピックのクラスの一つ．

（b）<topic> 要素の <instanceOf> 子要素によって指定されたトピックのクラス．一つのトピックは，二つ以上のクラスに属してもよい．

(c) トピックのクラスを主題にもつトピック．

■ 制約なしの有効範囲（unconstrained scope）（新）

ステートメントが無制限の有効性をもつと考えられることを指し示すために使用される有効範囲.

■ 制約なしの有効範囲（unconstrained scope）（旧）

トピック特質の割当てにおいて，指定された有効範囲が存在しないこと．

■ 異形（variant）（旧）

異形名（variant name）を参照すること．

■ 異形名（variant name）（新）

ある文脈において対応する基底名より適切と思われるトピック名の代替形.

■ 異形名（variant name）（旧）

整列（sort）または表示といった特定のコンピュータ処理目的のために最適化された基底名の代替形式.

■ XTM 文書（XTM document）（旧）

この規定が定義する構文で表現されるトピックマップ文書.

索　　引

■英数字

■あ

■か

■さ

■た

45, 200, 231
広義-狭義の関係　7
広義語（Broader Term：BT）　7
構文　9, 38
項目識別子（item identifier）　229
公理化　9
国際規格　1
古典的存在論　2
コロケーション（collocation）　42
コンテンツの集合　40

最上位語（Top Term：TT）　7
索引　3, 40
参照モデル　9, 17, 98

視覚化（グラフ表示）　29, 127
識別性　43
資源（resource）　231
シソーラス　6
シノニム（同義語）　43
主題（subject）　1, 194, 232
主題識別子（subject identifier）　25, 43, 232
主題識別性（subject identify）　200, 233
主題指示子（subject indicator）　43, 197, 233
主題代用品（subject proxy）　99, 100
主題分類　6
主題マップ（subject map）　101
主題ロケータ（subject locator）　43, 233
出現（occurrence）　1, 69, 72, 196, 230
　　——の具体化　81
　　——の有効範囲　78
出現型（occurrence type）　230
出現役割（occurrence role）　196
出現役割型（occurrence role type）　196
正準化　9, 17, 49, 92
情報項目（information item）　50, 51, 94
　　異形——　51
　　関連——　51
　　関連役割——　51
　　出現——　51
　　トピック——　51
　　トピックマップ——　51
　　トピック名——　51

情報資源（information resource）　229
情報層　3, 40
情報の品質　1
情報の見つけやすさ　1
情報リソース　1
処理済みトピックマップ（processed topic map）　231
処理要件（processing requirements）　231

推移的（transitive）　9
スキーマ　98
　　——に基づいた制約　5
図形記法（GTM）　19
スコープ（Scope）　8
スコープノート（Scope Note：SN）　7
ステートメント（statement）　232

制約　5, 53
　　スキーマに基づいた——　5
　　ルールに基づいた——　5
制約言語（TMCL）　5, 9, 16, 49, 108
制約なしの有効範囲（unconstrained scope）　236
整列名（sort name）　195

多義性　43
タクソノミ　6
端点（endpoint）　100

知識層　3, 40
知識の記号化　1
知識マップ　40
抽象クラス　53
直列化（Serialization）　50, 93

データ型　57
データモデル（TMDM）　9, 17, 38, 49

問合せ言語　9, 16, 34, 49
等価関係　4
同義語（Synonym：SY）　7
特質（characteristic）　229
特性（property）　100
トピック（topic）　1, 69, 233

——の特質　42
トピック型（topic type）　194，235
トピック関連（topic association）　197
トピック出現（topic occurrence）　235
トピック特質（topic characteristic）　201，234
トピック特質割当て（topic characteristic assignment）　234
トピック名前付け制約（topic naming constraint）　196，235
トピックマップ（topic map）　1，234
トピックマップ（Topic Maps）　235
——エディタ　119
——視覚化ツール　119
——の構文　40
——のTAO　41
——ブラウザ　119
トピックマップ構成物（topic map construct）　234
トピックマップデータモデル　40
トピックマップ問合せ言語（TMQL）　101
トピックマップノード（topic map node）　234
トピックマップ文書（topic map document）　234
トピック名（topic name）　42，235
——の有効範囲　77
トピック名型（topic name type）　235

■な

内部出現（internal occurrences）　26，46，72
名前付き特性（named property）　50，51，95

ノード　99

■は

パラダイム　3
パラメータ（parameters）　231
反義語（Antonym：AT）　7
番地付け可能な主題（addressable subject）　228
番地付け可能な情報資源（addressable information resource）　228
番地付け不可能な主題（non-addressable subject）　230
非優先語（Use For：UF）　7
表示名（display name）　195
表明（assertion）　99
表明パターン（assertion pattern）　99，100

ファセット（facet）　200
——値　200
プレーヤ　60

併合（マージ，merging）　31，48，61，230

ホモニム（同音異義語）　43

■ま

マージ　8

無矛盾トピックマップ（consisetent topic map）　229

メンバ（member）　230

■や

役割（role）　5，45，232
役割プレーヤ（role player）　45，99

有効範囲（scope）　8，25，47，77，196，202，232
関連の——　79
出現の——　78
トピック名の——　78
優先語（USE）　7

■ら・わ

ルールに基づいた制約　5

連想関係　4

ロケータ（locator）　230

を見よ参照　7

〈編著者紹介〉

内藤　求（ないとう　もとむ）

略　歴　愛知工業大学工学部電子工学科卒業（1974年）
株式会社ソフトウエアマネジメント（1974年）にて各種ソフトウェアプロジェクトに従事．株式会社シナジー・インキュベート（1995年）に発起人の一人として参画．SGML，XML，Topic Maps等の各種プロジェクトに従事．株式会社ナレッジ・シナジー（2003年）設立．Ontopia社（ノルウェー）との協力関係のもとTopic Maps製品の販売，Topic Maps関連プロジェクトに従事．また，BAYESIA社（フランス）との協力関係のもとBayesian Network製品を販売．2001年より，ISO/IEC SC34専門委員会委員としてTopic Mapsの国際標準化作業に参加．日本規格協会のユビキタス関連の分科会委員．

加藤弘之（かとうひろゆき）

略　歴　東京理科大学理学部物理学科卒業（1991年）
奈良先端科学技術大学院大学情報科学研究科後期博士課程修了（1999年）
博士（工学）（1999年）
日本ユニシス株式会社（1991年）を経て，現在，国立情報学研究所助手，問合せ言語の最適化処理の研究に従事．

桐山孝司（きりやまたかし）

略　歴　東京大学大学院工学系研究科精密機械工学専攻博士課程修了，工学博士（1991年）
東京大学人工物工学研究センター，スタンフォード大学設計研究センター，独立行政法人科学技術振興機構，東京大学大学院情報学環を経て，東京芸術大学大学院映像研究科メディア映像専攻助教授．

著　書　『工学知識のマネージメント』（共著，朝倉書店，1998）

小町祐史（こまちゆうし）

略　歴　早稲田大学理工学部電気通信学科卒業（1970年）
同大学院博士課程修了（工博）（1976年）
東京理科大学講師，東大生産技術研究所助手，パナソニックコミュニケーションズ株式会社を経て，2006年4月に大阪工業大学教授．ISO/IEC JTC1/SC34およびIEC/TC100のメンバとして，それぞれ文書記述言語，マルチメディア機器・システムの国際標準化作業に参加．

著　書　『基礎電子回路』（槇書店，1982），『電子出版技術入門』（オーム社，1993），『フォント情報交換ユーザーズガイド』（日本規格協会，1996），『高密度光ディスク論理フォーマット』（日本規格協会，2000），『オントロジ技術入門』（東京電機大学出版局，2005）ほか

瀬戸川教彦（せとがわみちひこ）

略　歴　愛媛大学理学部地球科学科卒業（1990年）
株式会社日立システムアンドサービス在籍．文書管理システム，コンテンツマネジメントサービスなどの研究開発に従事．

著　書　『Squeak入門－過去から来た未来のプログラミング環境』（共訳，エスアイビーアクセス，2003），『ソフトウェアパターン入門－基礎から応用へ』（共著，ソフトリサーチセンター，2005）

中林啓司（なかばやしけいじ）

略　歴　筑波大学（数学専攻）卒業（1985年）
同年シャープ株式会社入社．以後，LSI設計用CADシステム，回路シミュレーション技術の研究開発に従事．2000～2001年，株式会社半導体理工学研究センター研究員．2006年4月から奈良先端科学技術大学院大学情報科学研究科に在籍中．

吉田光男（よしだみつお）

略　歴　工学院大学電子工学科情報工学コース卒業（1977年）
三岩商事株式会社（1977年），富士通第一システムエンジニアリング株式会社（1979年），不二データコントロール株式会社（1979年），DKW Systems Group Ltd.（1981年），Ed Miller Sales & Rentals Ltd.（1982年），株式会社マイクロプロジャパン（1983年），青山コンピュータグラフィックススクール・メロン（1984年）を経て，1990年SEとして独立，現在に至る．ただ今特許明細書翻訳の勉強中．

セマンティック技術シリーズ
トピックマップ入門

2006年12月10日　第1版1刷発行

編著者　内藤　求
著　者　加藤弘之　桐山孝司
　　　　小町祐史　瀬戸川教彦
　　　　中林啓司　吉田光男

学校法人　東京電機大学
発行所　東京電機大学出版局
代表者　加藤康太郎
〒101-8457
東京都千代田区神田錦町2-2
振替口座　00160-5- 71715
電話　(03) 5280-3433 (営業)
　　　(03) 5280-3422 (編集)

制作　(有) 編集室なるにあ
印刷　新灯印刷 (株)
製本　新灯印刷 (株)
装丁　鎌田正志

ISBN4-501-54210-1 C3004